高等院校**计算机**
基础课程新形态系列

Python

程序设计教程

第2版|微课版

储岳中 薛希玲 / 主编

肖建于 官骏鸣 程泽凯 / 副主编

人民邮电出版社
北 京

图书在版编目（CIP）数据

Python程序设计教程：微课版 / 储岳中，薛希玲主编. -- 2版. -- 北京：人民邮电出版社，2024.2
高等院校计算机基础课程新形态系列
ISBN 978-7-115-63114-5

Ⅰ. ①P… Ⅱ. ①储… ②薛… Ⅲ. ①软件工具－程序设计－高等学校－教材 Ⅳ. ①TP311.561

中国国家版本馆CIP数据核字(2023)第212812号

内 容 提 要

本书是 Python 语言程序设计的入门教程，理论与实践紧密结合，实用性很强。本书共 13 章，主要内容包括 Python 语言概述、Python 语言基础、流程控制语句、序列数据、字符串与正则表达式、函数与模块、文件、Python 计算生态、面向对象程序设计、异常处理、GUI 程序设计、数据库编程、图形绘制等。

为了便于学习，本书编者同步编写了一本配套教材《Python 程序设计实践教程（第 2 版）》，其主要内容包括习题解答、实验指导和综合实训等。本书各知识点均配有讲解视频，读者扫码即可同步观看。同时本书提供高质量的配套 PPT 等资源。

本书可作为高等院校各专业"计算机程序设计"课程的教材，也可以作为对 Python 感兴趣的技术人员的参考资料。

◆ 主　编　储岳中　薛希玲
　　副主编　肖建于　官骏鸣　程泽凯
　　责任编辑　刘　博
　　责任印制　王　郁　胡　南

◆ 人民邮电出版社出版发行　　北京市丰台区成寿寺路 11 号
　　邮编　100164　电子邮件　315@ptpress.com.cn
　　网址　https://www.ptpress.com.cn
　　北京市艺辉印刷有限公司印刷

◆ 开本：787×1092　1/16
　　印张：16.25　　　　　　　　　　2024 年 2 月第 2 版
　　字数：403 千字　　　　　　　2025 年 1 月北京第 4 次印刷

定价：59.80 元

读者服务热线：(010)81055256　印装质量热线：(010)81055316
反盗版热线：(010)81055315
广告经营许可证：京东市监广登字 20170147 号

随着大数据、云计算、物联网和人工智能等信息技术的飞速发展，Python 语言已成为当前的主流编程语言，越来越多的高等院校选择 Python 语言作为学生的第一门程序设计语言。Python 语言是一门跨平台的面向对象编程语言，拥有大量功能强大的标准库和第三方库，它简单易学、免费开源、开发效率高，因此 Python 语言常被称为"生态语言"和"胶水语言"，已被越来越多的开发者、科研工作者、教师和学生所接受。

本书是编者长期从事计算机编程语言和计算机相关专业课程教学、科研工作的经验总结。本书遵循循序渐进的教学规律，从 Python 语言基础知识入手，通过案例驱动的方式组织各章内容，适合作为零基础的程序设计入门教材。本书的主要内容如下。

第 1 章　Python 语言概述：其主要内容包括 Python 语言的特点、安装包下载与开发环境简介、IPO 程序设计方法等。

第 2 章　Python 语言基础：其主要内容包括 Python 语言标识符、常量与变量、各类运算符与表达式、基本输入与输出方法等。

第 3 章　流程控制语句：其主要内容包括顺序结构、选择结构和循环结构的程序设计方法等。

第 4 章　序列数据：其主要内容包括列表、元组、字典和集合 4 类序列数据的用法等。

第 5 章　字符串与正则表达式：其主要内容包括字符串的基本操作方法和字符串处理函数、正则表达式的概念、普通字符正则表达式、特殊字符正则表达式、re 模块的用法等。

第 6 章　函数与模块：其主要内容包括内置函数的用法、自定义函数的定义和使用方法、模块的导入方法、命名空间的概念与分类等。

第 7 章　文件：其主要内容包括文件的基本概念、文件的打开和关闭方法、文件的基本操作方法、与文件相关的模块等。

第 8 章　Python 计算生态：其主要内容包括典型标准库和第三方库的用法等。

第 9 章　面向对象程序设计：其主要内容包括面向对象的基本概念、在 Python 中进行面向对象程序设计的方法等。

第 10 章　异常处理：其主要内容包括 Python 编程过程中常见的错误、Python 异常处理的基本过程等。

第 11 章　GUI 程序设计：其主要内容包括基于 Tkinter 的 GUI 程序设计等。

第 12 章　数据库编程：其主要内容包括使用 Python 语言连接 SQLite 和 MySQL 数据库并执行基本操作的方法等。

第 13 章　图形绘制：其主要内容包括 Python 语言的图形图像处理工具 Matplotlib 库和 PIL 等。

本书参考学时：理论 48~64 学时，实践 32 学时。各章学时参见下面的学时分配表（建议）。

学时分配表

课程内容	理论学时	实践学时
Python 语言概述	2	
Python 语言基础	4~6	2
流程控制语句	4~6	4
序列数据	4~6	4
字符串与正则表达式	2~4	2
函数与模块	4	4
文件	4	2
Python 计算生态	4	2
面向对象程序设计	4~6	4
异常处理	4	2
GUI 程序设计	4~6	2
数据库编程	4~6	2
图形绘制	4~6	2
课时总计	48~64	32

本书在 2020 年出版的第 1 版的基础上进行了修订，修订内容主要包括：①为各知识点配备了讲解视频，读者扫码即可观看；②将第 3 章和第 4 章的位置进行了互换；③所有代码均在 Python 3.11 环境下进行了优化；④从学生职业素养、中华优秀传统文化等角度为部分知识点注入了更多内涵。

为了辅助教师开展教学和配合读者学习，本书编者同步编写了一本《Python 程序设计实践教程（第 2 版）》，其主要内容包括本书各章习题解答、实验指导和综合实训等。

本书的编写工作由安徽工业大学计算机科学与技术学院的储岳中、薛希玲、程泽凯，淮北师范大学的肖建于和黄山学院的官骏鸣承担。储岳中编写第 1~3 章和第 6~8 章，官骏鸣编写第 4 章，肖建于编写第 5 章，程泽凯编写第 9 章，薛希玲编写第 10~13 章，全书由储岳中统稿。

由于编者水平有限，书中难免存在不足与疏漏之处，恳请读者批评指正。

编者

2024 年 1 月

目 录

01

第 1 章 Python 语言概述

Python 语言是一门面向对象的解释型高级程序设计语言，是当前应用较为广泛的计算机语言之一。Python 语言具有开源、简单易学、易维护、面向对象、跨平台、类库丰富、扩展性好等特点。本章主要介绍程序设计语言、Python 语言的发展历程与特点、开发环境的安装、程序设计的基本方法等内容。

Python 语言是一门编程语言，发展非常快，Python 程序设计是高等院校各专业培养方案中的重要课程。通过对本章的学习，一方面，我们要培养计算思维能力，掌握编程技术；另一方面，我们要培养良好的职业道德和职业素养。

本章重点

- Python 开发环境的安装
- IPO 程序设计方法

学习目标

- 了解 Python 语言的发展历程
- 掌握 Python 开发环境的安装过程
- 理解 IPO 程序设计方法

1.1 程序设计语言

1.1.1 概述

Python 概述

程序设计语言是用于编写计算机程序的语言，它按照一组记号和规则组织计算机指令，目的是控制计算机自动执行各种运算。程序设计语言有机器语言、汇编语言和高级语言 3 种。

机器语言由二进制 0、1 代码指令构成，计算机硬件可以直接执行机器语言程序，不同 CPU（Central Processing Unit，中央处理器）具有不同的指令系统，机器语言程序编写、阅读和维护均很困难，编程效率极低。

汇编语言使用助记符与机器语言中的指令进行对应，在一定程度上提高了编程效率。例如，ADD AL,30 实现立即数 30 与累加器 AL 的相加，将和放在 AL 中。汇编语言的优点是可以直接访问系统接口。但不同计算机结构的汇编指令系统不同，不同平台之间不可以直接移植，学习和维护困难的缺点依然存在。

高级语言是面向用户的、基本上独立于计算机结构的语言，同一种语言在不同计算机上的表达方式是一致的。例如，执行数字 1 和 2 的加法，高级语言代码为 x=1+2。高级语言的最大优点是形式上接近于算术语言和自然语言，因此易学易用，通用性强，应用广泛。高级语言的种类繁多、语法精密、语义准确。常用的高级语言有 C、C++、C#、Java、BASIC、Python、Delphi、FORTRAN、Pascal、PHP 等。

1.1.2 编译和解释

高级语言按计算机执行一个程序的不同过程分为编译型语言和解释型语言两类。

编译是将源代码翻译成可执行的目标代码的过程，编译与执行是分开的。通常，源代码是高级语言编写的程序，目标代码是机器语言代码，执行编译的计算机程序称为编译器。这种方式的优点是编译一次就可以了，下次运行时不需要再编译，速度比较快；缺点是不同的 CPU 和操作系统不能兼容编译后的程序。程序的编译和执行过程如图 1-1 所示。采用编译执行的高级语言有 C、C++、Java、Pascal、Delphi 等。

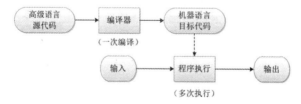

图 1-1 程序的编译和执行过程

解释是将源代码逐条翻译成目标代码并同时运行目标代码的过程，执行解释的计算机程序称为解释器。这种方式的优点是程序移植性好，不同的机器只要有解释器就可以运行相同的程序；缺点是解释一行运行一行，下次运行时还需要解释，速度比较慢。程序的解释和执行过程如图 1-2 所示。采用解释执行的高级语言有 JavaScript、PHP、Python 等。

图 1-2　程序的解释和执行过程

1.2　Python 语言的发展历程与特点

1.2.1　Python 语言的发展历程

　　Python 语言自 20 世纪 90 年代初发布至今，已被广泛应用于系统管理任务的处理和 Web 编程。Python 的创始人为荷兰人吉多·范罗苏姆（Guido van Rossum）。1989 年圣诞节期间，Guido 为了打发假期的空闲时间，决心开发一个新的脚本解释程序，并称其为 Python（大蟒蛇的意思），取自英国 1969 年首播的喜剧电视剧 *Monty Python's Flying Circus*。

　　Python 2.0 于 2000 年 10 月发布，解决了此前版本中解释器和运行环境中的诸多问题，稳定版本是 Python 2.7。自从 2004 年以后，Python 的使用率呈线性增长。Python 3.0 于 2008 年 12 月发布，不完全兼容 Python 2，这个版本在语法层面和解释器内部做了很多改进，解释器内部采用完全面向对象的方式实现。所有基于 Python 2.x 的库函数都必须修改后才能被 Python 3.x 解释器运行。本书编写结束时 Python 3.x 系列的最高版本是 Python 3.12，Python 的发展历程如表 1-1 所示。

表 1–1　Python 的发展历程

时间	版本号	时间	版本号
1994 年 1 月	Python 1.0	2014 年 3 月	Python 3.4
2000 年 10 月	Python 2.0	2015 年 9 月	Python 3.5
2004 年 11 月	Python 2.4	2016 年 12 月	Python 3.6
2006 年 9 月	Python 2.5	2018 年 6 月	Python 3.7
2008 年 10 月	Python 2.6	2019 年 10 月	Python 3.8
2010 年 7 月	Python 2.7	2020 年 10 月	Python 3.9
2008 年 12 月	Python 3.0	2021 年 10 月	Python 3.10
2009 年 6 月	Python 3.1	2022 年 10 月	Python 3.11
2011 年 2 月	Python 3.2	2023 年 12 月	Python 3.12
2012 年 9 月	Python 3.3		

　　Python 语言功能开发能够应用于云计算、大数据分析与应用及人工智能等领域，不仅立足于目前社会对人才的需求，而且符合未来的发展趋势，极其贴合即将到来的"全面人工智能大数据时代"对高素质、高要求、新思维的需求。学习计算机编程语言除要正确掌握每一个代码命令的含义外，还需要通过上机操作运行代码以验证算法的逻辑性、结果的正确性。"失败乃成功之母"能够形象地描述出编码人员通过一次又一次地上机调试代码、运行结果而最终得到精确的答案。因此，在上机实践操作中，我们要能经受挫折和抗压，在小组的分工中培养互帮互助、团结一致、众志成城的职业素养，促进思想素质的提升。

1.2.2　Python 语言的特点

　　Python 是一种解释型、面向对象的高级程序设计语言，功能强大，具有很多区别于其他语言的个性化特点。

1. 优点

（1）语法简洁，易于上手，程序可读性强。

（2）既支持面向过程的函数式编程，也支持面向对象的抽象编程。

（3）可移植性好，Python 程序可以在任何安装解释器的环境中运行。

（4）可扩展性好，程序可以集成如 C、C++、Java 等语言编写的代码，这样就可以让核心算法不公开，也可以通过内嵌的代码提高运行速度。

（5）开源，使任何用户都有可能成为代码的改进者。

（6）Python 解释器提供了数百个标准库，开源社区的程序员们还在源源不断地贡献第三方库，几乎覆盖了计算机应用的各领域。

（7）提供了安全合理的异常退出机制。

2. 缺点

（1）由于 Python 是解释型语言，所以运行速度稍慢。若对运行速度有特殊要求，则可考虑使用 C++改写关键代码。

（2）构架选择太多，没有像 C#那样的官方.NET 构架。

1.3 开发环境的安装

1.3.1 版本选择与安装包下载

Python 环境
安装

Python 适用于包括 Windows、UNIX、Linux 和 macOS X 等不同的操作系统。Linux 和 macOS X 一般自带 Python 解释器，对于其他系统，用户需要根据自己操作系统的类型、版本，到 Python 官网选择并下载合适的安装包。

Python 解释器的官网下载页面如图 1-3 所示。

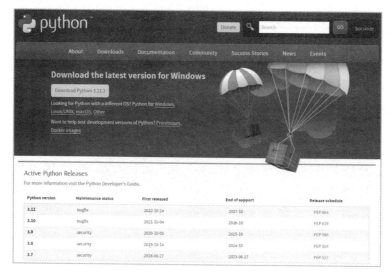

图 1-3 官网下载页面

1.3.2　Python 安装

　　本书的开发环境选择 Windows 下的 Python 3.11.2，安装包下载完成后，执行安装后的安装启动界面如图 1-4 所示，建议选中图 1-4 中的两个复选框。安装成功界面如图 1-5 所示。安装包将在系统中安装一些与 Python 开发相关的程序，最核心的是命令行环境和 Python 的集成开发环境（Integrated Development and Learning Environment，IDLE）。

　　通过 Python 开发环境的安装过程，我们会看到，Python 开发环境每年都在升级，全球用户都在贡献自己的智慧。因此，我们在掌握开发环境安装和使用过程的同时，更要关注这个领域的技术进步，特别是我们国家在这方面的发展水平，做好为国家的科技发展贡献自己的才智的准备，要有建设科技强国的意识。

图 1-4　Python 3.11.2 的安装启动界面

图 1-5　Python 3.11.2 的安装成功界面

1.3.3　开发环境简介

1. Python 命令行环境

　　在 Windows 操作系统命令行窗口（cmd.exe）中输入"Python"，然后按 Enter 键即可启动 Python 命令行环境，如图 1-6 所示。在命令提示符">>>"后输入代码"print("Hello, world! ")"，然后按 Enter 键，即可输出结果"Hello, world!"。输入 exit() 并按 Enter 键或关闭窗口即可退出命令行环境。

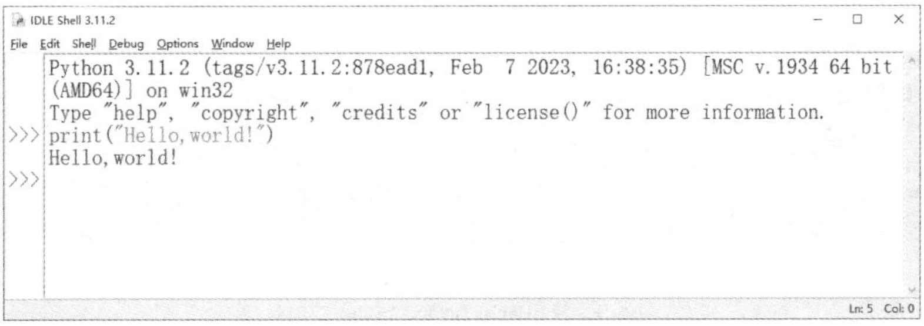

图 1-6　Python 命令行环境

2. IDLE 开发环境

　　选择 Python 命令行环境中的"File"→"New File"选项，即可启动 IDLE 开发环境，如图 1-7 所示。在此环境下，可通过文件的方式组织 Python 程序，文件扩展名为.py。程序编辑完成后，可选择"Run"→"Run Module"（或按 F5 键）选项运行程序。IDLE 是一个集成开发环境，可完成中小规模

Python 程序的编写与调试，本书所有程序均在此环境下编写并运行。若读者需要面对大规模 Python 项目开发，则可使用比 IDLE 更强大、更复杂的开发环境，如 PyCharm、Sublime Text、Pydev 等。

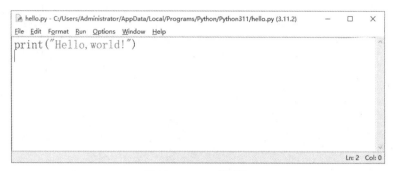

图 1-7　IDLE 开发环境

3. 第三方库

Python 是基于开源的理念建设编程计算生态的，经过多年的发展，已经形成了全球最大的编程语言开放社区，建立了 10 万多个第三方库。第三方库是库、模块、类和程序包的统称。我们将 Python 内置库称为标准库，其他库统称为第三方库。Python 官网提供了第三方库索引功能。

Python 标准库随 Python 安装包一起发布，无须另行安装即可使用，如 turtle 库、math 库等。而第三方库需要专门安装方可使用，安装方法有多种，本书介绍一种最为方便的方式，即利用 pip 在线工具安装（以安装好的 Python 3.11 环境为例），步骤如下。

（1）打开"运行"对话框，在"打开"文本框中输入 cmd，然后单击"确定"按钮，打开 Windows 命令行窗口。

（2）安装一个库，命令格式如下。

```
pip install  <拟安装库名>
```

安装 pandas 库的命令为"pip install pandas"，如图 1-8 所示。网络正常工作的情况下，命令启动后，安装文件会自动从 Python 官网下载并安装到系统中。安装成功后会有"Successfully installed pandas"的提示，同时到..\Python311\lib\site-packages 目录下能看到第三方库对应的文件夹 pandas。

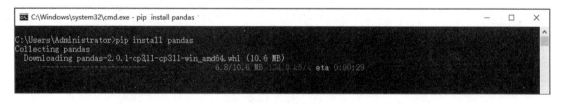

图 1-8　第三方库 pandas 的安装过程

（3）使用-U 标签可以更新已安装的库，命令格式如下。

```
pip install -U pandas
```

（4）卸载一个库，命令格式如下。

```
pip uninstall  <拟卸载库名>
```

（5）查看已安装库清单，命令格式如下。

```
pip list
```

已安装的第三方库清单如图 1-9 所示。

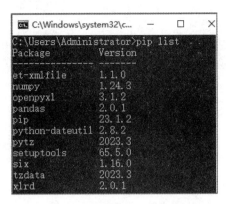

图 1-9　已安装的第三方库清单

在线安装方式使用的官网服务器在国外，受网速影响安装时可能会掉线。读者可在 Python 官网页面中单击顶栏的 "PyPI"，搜索需要下载的包名（注意选对下载的版本），选择扩展名为.whl 的第三方库安装包。然后在 Python 命令行环境下进入.whl 文件的下载目录，并运行命令"pip install 包名.whl"，实现第三方库的离线安装。安装成功后再用 import 导入测试。

1.4　程序设计基本方法

1.4.1　简单 Python 程序

这里通过简单程序实例，让读者先行了解 Python 语言的简单编程方法，以便引导读者快速入门。

【例 1-1】从键盘输入 3 个数，求平均值并输出。

程序如下：

```
#exp1-1.py
sum=0
x,y,z=eval(input("Please input x,y,z:"))
sum=x+y+z
average=sum/3.0
print("average=",average)
```

运行结果：

```
Please input x,y,z:1,2,3
average= 2.0
```

本程序的作用是从键盘接收 3 个数，然后计算它们的平均值并输出。第 2 行代码中的 input() 为 Python 的内置函数，用于接收一个标准输入数据，返回值为字符串类型。由于要完成求和运算，所以要用另一个内置函数 eval() 将输入的字符串转换成数字。内置函数的具体用法将在后文中详细介绍。注意，#符号所在的行为注释。

【例 1-2】编程输出 1000 以内的斐波那契（Fibonacci）数列的值。

程序如下：

```
#exp1-2.py
a,b=1,1
while a<1000:
    print(a,end=' ')
    a,b=b,a+b
```

运行结果：

```
1 1 2 3 5 8 13 21 34 55 89 144 233 377 610 987
```

本程序先将 a 和 b 初始化为 1，然后利用 while 循环输出 a 的值，并在循环体中更改 a 和 b 的值，一直到 a 的值超过 1000 时结束。

【例 1-3】设计函数，计算不同圆的面积。

程序如下：

```
#exp1-3.py
def circlearea(r):
    return 3.14*r*r
print(circlearea(1))
print(circlearea(10))
```

运行结果：

```
3.14
314.0
```

本程序中的 circlearea(r) 为自定义函数，用于计算半径为 r 的圆的面积。在两个 print() 函数中完成两次调用（半径分别为 1 和 10）。自定义函数将在后文中详细介绍。

【例 1-4】绘制 4 个同心圆，最小圆半径为 50 像素，外圆半径依次增加 50 像素，线宽为 5 磅。

参考程序如下：

```
#exp1-4.py
import turtle
#导入标准库 turtle
for i in range(4):
    turtle.pencolor("red")
    turtle.pensize(5)
    turtle.penup()
    turtle.goto(0,-50*(i+1))    #从每个圆的底部开始绘制，绘制好后再将画笔移到外圆
    turtle.pendown()
    turtle.circle(50*(i+1))
```

程序的运行结果如图 1-10 所示。

本程序用到了 Python 内置的 turtle 库，使用 import 命令导入。turtle 库是 Python 语言中用于绘制图像的库，也称为海龟渲染器。此处 pencolor() 函数用于设置画笔颜色，pensize() 函数用于设置画笔宽度，penup() 函数用于提起笔，goto() 函数用于将画笔移动到坐标为 (x, y) 的位置，pendown() 函数用于放下笔，circle() 函数用于画圆。考虑到要画 4 个同心圆，所以会用到 for 循环（循环变量 i 从 0 到 3 变化，步长为 1）。

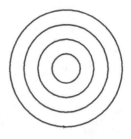

图 1-10　例 1-4 的运行结果

1.4.2　IPO 程序设计方法

程序设计基本
方法

利用计算机求解一个特定问题，无论问题规模如何，每个程序都有统一的运算模式：输入数据（Input）、处理数据（Process）和输出数据（Output）。这就是 IPO 程序设计方法。

输入数据是指准备程序需要处理的数据对象的过程。常见的输入方式有文件输入、网络输入、用户手动输入、随机数据输入、程序内部参数输入等。输入数据是一个程序的开始。

处理数据是指程序对输入数据进行各种运算并产生结果的过程。这个过程经常被称为算法，这是程序的核心部分。

输出数据是指通过各种方式显示程序运算结果的过程。常见的输出方式有屏幕输出、文件输出、网络输出、操作系统输出、内部变量输出等。

【例 1-5】通过 IPO 程序设计方法描述华氏温度向摄氏温度转换的过程。

输入数据：华氏温度（用变量 F 表示）。

处理数据：C = (F-32)/1.8。

输出数据：摄氏温度（用变量 C 表示）。

程序如下：

```
#exp1-5.py
F = eval(input("请输入华氏温度值: "))
C= (F-32) / 1.8
print("转换后的摄氏温度值为: {:.2f}".format(C))
```

运行结果：

```
请输入华氏温度值: 100
转换后的摄氏温度值为: 37.78
```

1.4.3　计算思维

计算思维是华裔科学家周以真教授于 2006 年 3 月在美国计算机权威期刊 *Communications of the ACM* 杂志上提出来的。周教授认为，计算思维是指运用计算机科学的基础概念进行问题求解、系统设计，以及人类行为理解等涵盖计算机科学之广度的一系列思维活动。

毫无疑问，程序设计是实践计算思维的最好形式。而程序设计的目的是通过计算机求解实际问题，在这个过程中，我们要做好以下几个关键工作。

（1）需求分析：面对一个实际问题，设计人员要做好细致的调研和分析，准确理解用户对项目的功能、性能、可靠性等方面的具体要求，将用户非形式的需求表述转换为完整的需求定义，从而确定系统必须做什么。同时，设计人员要明确用户对输入和输出的要求。

（2）算法设计：这对应 IPO 程序设计方法中的处理数据过程，是求解问题的核心工作。对于简单问题，求解过程比较直观，直接设计算法即可。对于复杂问题，可能要将程序的功能进行分解，采用自顶向下的策略逐个解决，最后将解决小问题的模块组合起来，达到解决复杂问题的目的。

（3）编码：编码是指选择一门编程语言实现算法。原则上，任何编程语言都可以用来实现算法，但考虑到不同编程语言的性能、可读性、可维护性、开发周期等方面的差别很大，面对不同应用领域时人们会选择不同的编程语言。

（4）调试和测试：调试是指在编码工作中通过各种手段排除程序错误，一般由程序员负责。当程序正确运行后，测试人员将通过更多的测试手段发现程序应对不同情况的运行状况，如压力测试可以获得程序的最快运行速度和程序稳定运行的边界条件。

（5）维护：维护是指程序发布后，因修正错误、提升性能或调整其他属性而进行的软件修改。

综上所述，在解决问题的 5 个关键工作中，与程序设计语言直接相关的是编码、调试和测试工作，它们可以理解为计算思维针对具体问题的计算机实现过程。

本章小结

本章概述了 Python 语言的发展历程和特点，详细介绍了 Python 开发环境的安装方法，然后重点介绍了 IPO 程序设计方法和计算思维。

习题

一、选择题

1. Python 是（　　）型的编程语言。

   A. 机器　　　　　　 B. 解释　　　　　　 C. 编译　　　　　　 D. 汇编

2. （　　）不是 Python 的保留字。

   A. False　　　　　　 B. and　　　　　　 C. true　　　　　　 D. if

3. 下列关于 Python 语言的注释的描述中，不正确的是（　　）。

   A. Python 语言有两种注释方式：单行注释和多行注释

   B. Python 语言的单行注释以#开头

   C. Python 语言的单行注释以'开头

   D. Python 语言的多行注释以'''（3 个单引号）开头和结尾

4. 在一行上写多条 Python 语句使用的符号是（　　）。

   A. 分号　　　　　　 B. 冒号　　　　　　 C. 逗号　　　　　　 D. 点号

5. Python 为源文件指定系统默认字符编码的声明是（　　　）。

    A. #coding:cp963　　　　　　　　　　B. # coding:GB2312

    C. #coding:GBK　　　　　　　　　　　D. #coding:UTF-8

6. Python 语言源程序文件的扩展名是（　　　）。

    A. .py　　　　　　　　B. .c　　　　　　　　C. .cpp　　　　　　　　D. .pi

7. Python 数据常见的输入方式包括（　　　）。

    A. 文件输入　　　　　B. 用户手动输入　　　C. 网络输入　　　　　D. 以上都是

8. 采用 IDLE 进行交互式编程，其中 ">>>" 符号是（　　　）。

    A. 运算操作符　　　　B. 程序控制符　　　　C. 命令提示符　　　　D. 文件输入符

9. 关于 Python 版本，下列说法正确的是（　　　）。

    A. Python 3.x 是 Python 2.x 的扩充，语法层无明显改进

    B. Python 3.x 代码无法向下兼容 Python 2.x 的既有语法

    C. Python 3.x 和 Python 2.x 一样，依旧不断发展和完善

    D. 以上说法都正确

10. 关于 Python 语言的特点，下列说法不正确的是（　　　）。

    A. Python 语言是脚本语言　　　　　　　B. Python 语言是非开源语言

    C. Python 语言是跨平台语言　　　　　　D. Python 语言是多模态语言

11. 关于 Python 程序格式框架的描述，下列说法不正确的是（　　　）。

    A. Python 程序不采用严格的 "缩进" 来表明程序的格式框架

    B. Python 程序的缩进可以采用 Tab 键实现

    C. Python 程序单层缩进代码属于之前最邻近的一行非缩进代码

    D. 选择、循环、函数等语法形式能够通过缩进包含一组 Python 代码

二、简答题

1. 简述 Python 开发环境的安装过程。

2. 简述 Python 语言的特点。

3. 请总结 Python 程序注释的方法。

4. 请总结 Python 第三方库的安装方法，尝试下载并安装第三方库 numpy。

5. 启动 IDLE 中 "help" 菜单下的 turtle demo，然后研究环境自带的一些 turtle 演示程序。

6. 为什么说 Python 采用的是基于值的内存管理模式？

三、编程题

1. 编写程序，输出 "I love Python!"。

2. 编写程序，从键盘接收 3 个整数，输出最大数和最小数。

3. 请模仿例题和检索资料，绘制如图 1-11 所示的图案。

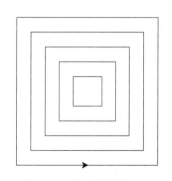

图 1-11　第 3 题的效果图

02

第 2 章　Python 语言基础

本章主要介绍 Python 语言的运算符和表达式、基本输入与输出等，这些内容是学习、理解和编写 Python 程序的重要基础。

遵守语言规范是设计好程序的重要基础，正如现实生活中，遵守社会公德是做良好公民的基本前提。

本章重点

- 常量和变量
- 运算符和表达式

学习目标

- 掌握 Python 常用运算符的运算规则
- 掌握 Python 数据的输入与输出方法

2.1 标识符、常量与变量

标识符、常量
与变量

Python 数据主要有常量和变量两种形式。其中，常量是指程序运行过程中值不变的量，而变量是指程序运行过程中值可以改变的量，它们都对应着一定大小的内存单元。Python 没有命名常量，也就是说不能像 C 语言那样给常量取一个名称，但变量必须要有一个名称，即标识符。

2.1.1 标识符

标识符是在程序中用来标识变量、函数、类、对象等的符号。Python 规定，标识符只能由字母、数字和下画线组成，且必须由字母或下画线开头，不能和关键字同名。例如，以下符号均为合法的标识符：

```
A,x1,_123,name,abc
```

标识符在命名时应遵守以下规则。

（1）Python 是大小写敏感的语言，也就是大写字母和小写字母被认为是不同的字符，如 NAME 和 name 是两个不同的标识符。

（2）一般情况下，经常用小写字母对变量、对象和函数进行命名。

（3）标识符命名时尽可能做到见名知义，常选用英文单词或拼音缩写的形式，如用 length 存放长度，用 score 存放成绩，用 UserName 存放用户名。

（4）应尽量避免用易混淆的字符作为标识符，如数字 0 和字母 o、数字 1 和字母 l 等。

（5）关键字是指已被系统赋予特殊含义的标识符，不能再用来对自定义标识进行命名。Python 3.11 中共有 35 个关键字，可用如下语句进行查看。

```
>>> import keyword    #先导入 keyword 模块
>>> print(keyword.kwlist)

['False', 'None', 'True', 'and', 'as', 'assert', 'async', 'await', 'break',
'class', 'continue', 'def', 'del', 'elif', 'else', 'except', 'finally', 'for',
'from', 'global', 'if', 'import', 'in', 'is', 'lambda', 'nonlocal', 'not', 'or',
'pass', 'raise', 'return', 'try', 'while', 'with', 'yield']
```

（6）Python 中单独的下画线 _ 用于表示上次运算的结果，例如：

```
>>> 10
10

>>> _*20

200
```

标识符命名规则告诉我们，在学习、生活实践中也一定要遵守既定的规则，按规矩行事，力争做一个遵守校纪、守法的好学生、好公民。

2.1.2 常量

Python 中的常量按数据类型不同，有整型、实型、字符型、布尔型和复数型常量之分。

1. 整型常量

（1）十进制形式：数码为 0~9，描述时没有特殊标志，如 123、0、-567、65536。

（2）八进制形式：数码为 0~7，以 0o 或 0O 开头，通常是无符号数，如 0o123（十进制数为 83）、0O177777（十进制数为 65535）。

（3）十六进制形式：数码为 0~9、A~F（或 a~f，代表 10~15），以 0x 或 0X 开头，如 0x123（十进制数为 291）、0XFFFF（十进制数为 65535）。

2. 实型常量

（1）常规形式：如 0.0、1.23、12、-6.78。

（2）指数形式：采用字母 e 或 E 连接两个数，要求字母 E 前后均要有数，且 E 之后为整数。这种形式在数学上称为科学记数法，如 3.0e8（表示 3.0×10^8）、1.23E-15（表示 1.23×10^{-15}）。

可以从 sys.float_info 中获取 Python 3.x 浮点数的表达精度等，命令如下。

```
>>> import sys                  #先导入 sys 模块
>>> sys.float_info.dig
15                              #表示浮点数可提供 15 位有效数字

>>> sys.float_info.epsilon
2.220446049250313e-16          #一个浮点刻度（浮点数间的最小间隔）

>>> sys.float_info.max
1.7976931348623157e+308        #最大浮点数
```

3. 字符型常量

字符串是 Python 中最常用的数据类型，Python 中可以用一对单引号、双引号或三引号进行字符串的表示，其中单引号和双引号标识的字符串需在一行内写完，而三引号标识的字符串可以是多行的，命令如下。

```
>>> "Hello World"
'Hello World'

>>> "Let's go!"
"Let's go!"

>>> str='''
Python's Program
'''
>>> str
"\nPython's Program\n"
```

对于一些难以用一般形式表示的不可显示字符，Python 提供了一种特殊的表示方法，即以 "\"（反斜线）开头的转义字符，如表 2-1 所示。

表 2-1　Python 中的转义字符

字符形式	含义
\n	换行，将当前位置移到下一行开头
\t	横向跳到下一个制表位置，相当于按 Tab 键
\b	退格，将当前位置退回到前一列
\r	回车，将当前位置移到当前行的开头
\f	换页，将当前位置移到下页的开头
\\	表示反斜线 "\"
\'	表示单引号
\"	表示双引号
\ddd	1~3 位八进制数所代表的字符
\xhh	1~2 位十六进制数所代表的字符

说明：

（1）转义字符多用在输出函数（print()）中。

（2）转义字符常量'\n'、'\101'、'\x41'等只能表示一个字符。

（3）反斜线后的八进制数可以不用 0o 开头。

（4）反斜线后的十六进制数只能用小写字母 x 开头。

【例 2-1】转义字符的应用。

```
a=12
b=34
c='\x41'
print("%d\t%d\t%s\n"%(a,b,c))   #%d 控制整数输出，%s 控制字符串输出
```

运行结果：

```
12  34  A
```

4. 布尔型常量

布尔型常量只有两个：真（True）和假（False），注意区分大小写字母。这两个常量一般用于描述逻辑判断（如关系表达式或逻辑表达式）的结果。在判断过程中，0、None、False 或空的序列值（统称为 0 值）均表示假，非 0 即表示真。

【例 2-2】布尔型常量的应用。

```
>>> type(False)
<class 'bool'>

>>> True==1
True

>>> False==0
True

>>> 2>1
True

>>> 0 and False
```

```
0

>>> None or True
True
```

5. 复数型常量

和数学上的表示含义一样，Python 中的复数也由实部和虚部组成，形式为 a + bj、a + bJ 或 complex(a + b)，如 3+5j。从 z=a + bj 中提取实部和虚部时，可用 z.real 和 z.imag 的方式来实现。

2.1.3 变量

1. Python 的变量结构

对于 Python 而言，一切变量都是对象，变量的存储采用了引用语义的方式，变量存储的只是一个变量的值所在的内存地址，而不是这个变量的值本身。Python 解释器会为每个变量分配大小一致的内存，用于保存变量引用对象的地址。

Python 变量命名要符合标识符的规则。变量使用前必须赋值，变量的赋值就是变量的声明和定义过程。Python 中的变量本质上是没有类型的，但其所指向内存中的数据对象可以是不同的数据类型，变量的内部结构可通过如下示例体现。

```
>>> str1="Hello World!"
>>> print(id(str1))      #id()函数用于获取对象的内存地址
3163850113200

>>> str1="Python Programming"
>>> print(id(str1))
3163850138656

>>> str2=str1
>>> print(id(str2))
3163850138656

>>> str1=123
>>> print(id(str1))
140721842647504
```

通过以上示例可以发现，同一个变量在程序中可以指向不同的数据对象，同一个数据对象在内存中的地址是固定的。例如，变量 str2 的值等于变量 str1 的值，则这两个变量保存的地址是一样的。

2. 变量赋值

变量一旦被赋值，就完成了定义和创建过程。

Python 允许为多个变量同时赋值，如 a,b,c=1,2, "Python"，表示两个整数 1 和 2 分别赋给变量 a 和 b，字符串"Python"赋给变量 c。又如 a=b=c=1，表示 3 个变量指向了同一个整数 1 的内存。

3. Python 中的特殊变量

Python 中的特殊变量主要是指以下画线作为变量名前缀或后缀的变量。

（1）_×××形式的变量：以单下画线开头的变量表示变量是私有的，模块或类外不允许使用（实际上也可以使用，但 Python 用户约定都不用）。以单下画线开头的成员变量称为保护变量，意思是只有类对象和子类对象自己能访问这些变量。这种变量是不能用 "from module import *" 命令导入的，普通变量应避免使用_×××形式。

使用_×××是一个 Python 命名约定，表示这个名称是供内部使用的。它通常不由 Python 解释器强制执行，仅仅作为一种对程序员的提示。

（2）__×××形式的变量：以双下画线开头的成员变量表示私有变量，只有类对象自己能访问，即使子类对象也不能访问到这个变量。

（3）__×××__形式的标识符：表示系统定义的专用标识，如__init__()代表类的构造函数。

2.2 运算符与表达式

同很多高级语言一样，Python 提供了丰富的运算符。正是这些运算符将变量、字符串等按照一定规则连接起来形成表达式，来完成日常的数据运算工作。Python 运算符主要分为以下几类。

运算符与表达式

（1）算术运算符：+、−、*、/、%、**、//。

（2）关系运算符：<、<=、>、>=、==、!=。

（3）逻辑运算符：not、and、or。

（4）赋值运算符：=、复合赋值运算符。

（5）位运算符：~、&、|、^、<<、>>。

（6）成员运算符：in、not in。

（7）身份运算符：is、is not。

若运算符的操作数只有一个，则称为单目运算符；若运算符的操作数有两个，则称为双目运算符。

2.2.1 算术运算符与表达式

算术运算符一般是用来实现数学运算的，由算术运算符连接变量或常量所构成的式子称为算术表达式。除负号外，所有算术运算符均为双目运算符。假设变量 x 和 y 的值分别为 5 和 2，算术运算符的运算规则如表 2-2 所示。

表 2-2 算术运算符的运算规则

名称	运算符	功能	实例	优先级
加	+	两个对象相加	x+y，结果为 7	优先级相同，比下面的运算符优先级低
减	−	得到负数或实现两数相减	x−y，结果为 3	
乘	*	两数相乘或返回一个被重复若干次的字符串	x*y，结果为 10	优先级相同，比上面的运算符优先级高
除	/	两个对象相除，实现 x 除以 y	x/y，结果为 2.5	
求余	%	求余运算，求 x 除以 y 的余数，符号同 y	x%y，结果为 1 5%−2，结果为−1	
幂	**	幂运算，返回 x 的 y 次幂	x**y，结果为 25	
整除	//	整除运算，返回商的整数部分（向下取整）	9//2 的结果为 4 −9.0//2.0 的结果为−5.0	

2.2.2 关系运算符与表达式

关系运算符一般用来比较运算符两边的操作数，由关系运算符连接两个操作数的式子称为关系表达式，被连接的操作数可以是常量、变量、算术表达式、关系表达式、逻辑表达式、赋值表达式等。若关系表达式成立，则结果为 True（表示真），否则结果为 False（表示假）。所有关系运算符均为双目运算符。Python 提供了 6 个关系运算符，假设变量 x 和 y 的值分别为 5 和 2，关系运算符的运算规则如表 2-3 所示。

表 2-3 关系运算符的运算规则

名称	运算符	功能	实例	优先级
小于	<	用于判断 x 是否小于 y	x<y，结果为 False	
小于等于	<=	用于判断 x 是否小于等于 y	x<=y，结果为 False	
大于	>	用于判断 x 是否大于 y	x>y，结果为 True	优先级相同
大于等于	>=	用于判断 x 是否大于等于 y	x>=y，结果为 True	
等于	==	用于判断 x 是否等于 y	x==y，结果为 False	
不等于	!=	用于判断 x 是否不等于 y	x!=y，结果为 True	

2.2.3 逻辑运算符与表达式

逻辑运算符用于对关系表达式或逻辑值进行逻辑运算，由逻辑运算符连接关系表达式或逻辑值的式子称为逻辑表达式。若逻辑表达式为真，则结果为 True，否则结果为 False。假设变量 x 和 y 的值分别为 5 和 2，逻辑运算符的运算规则如表 2-4 所示。逻辑运算符的真值表如表 2-5 所示。

表 2-4 逻辑运算符的运算规则

名称	运算符	功能	实例	优先级
逻辑非	not	单目运算符，用于返回 not x 的结果，x 为非 0 值时，结果为 False，x 为 0 值时，结果为 True	not y，结果为 False	高
逻辑与	and	双目运算符，用于返回 x and y 的结果，只有 x 和 y 的值均为非 0 值时，结果才是 True，其他情况下结果全为 False	x and y，结果为 True	↑
逻辑或	or	双目运算符，用于返回 x or y 的结果，只有 x 和 y 的值均为 0 值时，结果才是 False，其他情况下结果全为 True	x or y，结果为 True	低

表 2-5 逻辑运算符的真值表

x	y	not x	x and y	x or y
真	真	假	真	真
真	假	假	假	真
假	真	真	假	真
假	假	真	假	假

需要说明的是，在逻辑表达式的计算中，并不是所有的逻辑运算符都要被执行，如果表达式的值已经明确了，则后面的逻辑运算符不会被执行，具体规则如下。

（1）x and y

如果 x 为真，则 y 的值将决定整个逻辑表达式的值；若 x 为假，则 y 的值无论真假，整个逻辑表达式的值均为假，此时 y 代表的表达式将不再计算。例如：

```
>>> True and 0
0

>>> False and 3
False
```

（2）x or y

如果 x 为假，则 y 的值将决定整个逻辑表达式的值；若 x 为真，则 y 的值无论真假，整个逻辑表达式的值均为真，此时 y 代表的表达式将不再计算。例如：

```
>>> True or 0
True
>>> False or 3
3
```

　　此前所介绍的 3 类运算符中，算术运算符的优先级高于关系运算符，关系运算符的优先级高于逻辑运算符。特别要说明的是，在 C 语言中逻辑非（not）的优先级，比关系运算符和逻辑运算符都高。在 Python 中，逻辑非（not）、逻辑与（and）和逻辑或（or）的优先级一起排在算术运算符和关系运算符之后。

2.2.4　赋值运算符与表达式

1. 基本赋值运算符

基本赋值运算符用"="表示，其作用是将一个表达式的值赋给左侧的变量，格式如下。

变量=表达式

要求等号左侧必须是变量，赋值前先计算等号右侧的表达式。

【例 2-3】赋值运算符的应用。

```
>>> a=10
>>> b=(a*a+20)/2
>>> b
60.0
```

2. 复合赋值运算符

在 Python 语言中，基本赋值运算符"="与 7 种算术运算符（+、-、*、/、%、**、//）和 5 种位运算符（&、|、^、<<、>>）结合成 12 种复合赋值运算符，其功能是先完成算术或位运算，然后赋值，格式如下。

```
a+=b      #等价于 a=a+b
a-=b      #等价于 a=a-b
a*=b      #等价于 a=a*b
a/=b      #等价于 a=a/b
a%=b      #等价于 a=a%b
a**=b     #等价于 a=a**b
a//=b     #等价于 a=a//b
```

2.2.5 位运算符与表达式

位运算是指对二进制位进行的运算。Python 语言提供了 6 个位运算符，分别是~、&、|、^、<<、>>。假设变量 x 和 y 的值分别为 5（对应二进制数为 00000101）和 9（对应二进制数为 00001001），位运算符的运算规则如表 2-6 所示。

表 2-6 位运算符的运算规则

名称	运算符	功能	实例	优先级
按位取反	~	单目运算符，将操作数对应的二进制位取反，即 1 变成 0，0 变成 1	~x，结果为 11111010（十进制数–6 的补码）	1
按位与	&	双目运算符，将对应的两个操作数 x 和 y 按位与	x&y，结果为 00000001（十进制数 1）	3
按位或	|	双目运算符，将对应的两个操作数 x 和 y 按位或	x|y，结果为 00001101（十进制数 13）	4
按位异或	^	双目运算符，将对应的两个操作数 x 和 y 按位异或	x^y，结果为 00001100（十进制数 12）	4
左移位	<<	将操作数对应的二进制位左移若干位，高位丢弃，低位补 0。左移 1 位，等价于该数乘以 2	x<<2，结果为 00010100（十进制数 20）	2
右移位	>>	将操作数对应的二进制位右移若干位，低位丢弃，高位补 0。右移 1 位，等价于该数除以 2	x>>2，结果为 00000001（十进制数 1）	2

说明：

（1）正数的原码、反码和补码均是其二进制形式；负数的原码（以 8 位字长为例）用其二进制形式的最高位置 1 表示负数，反码为原码除符号位外逐位取反的结果，而补码为反码最低位加 1 的结果。详细的关于机器数的编码理论，请读者查阅相关资料进行学习。

（2）表 2-6 中的优先级数字越小表示优先级越高，数字相同表示优先级相同。

（3）5 个复合按位赋值运算符的示例如下。

```
a&=b      #等价于 a=a&b
a|=b      #等价于 a=a|b
a^=b      #等价于 a=a^b
a<<=b     #等价于 a=a<<b
a>>=b     #等价于 a=a>>b
```

2.2.6 成员运算符与表达式

Python 的成员运算符用于验证给定的值在指定范围内是否存在，分别是 in 和 not in，其运算规则如表 2-7 所示。

表 2-7 成员运算符的运算规则

名称	运算符	功能	实例	优先级
存在	in	若给定的值在指定范围内则返回 True，否则返回 False	参见例 2-4	优先级相同
不存在	not in	若给定的值不在指定范围内则返回 True，否则返回 False	参见例 2-4	

【例 2-4】成员运算符的应用。

本实例需要创建一个程序文件（exp2-4.py），代码如下。

```
#exp2-4.py
x=100
y=200
list={1,2,3,4,5};      #定义一个含 5 个元素的列表
if(x in list):         #如果 x 在列表 list 中
      print("1-变量 x 在列表 list 中")
else:                  #如果 x 不在列表 list 中
      print("1-变量 x 不在列表 list 中")
if(y not in list):     #如果 y 不在列表 list 中
      print("2-变量 y 不在列表 list 中")
else:                  #如果 y 在列表 list 中
      print("2-变量 y 在列表 list 中")
x=3
if(x in list):
      print("3-变量 x 在列表 list 中")
else:
      print("3-变量 x 不在列表 list 中")
```

运行结果：

```
1-变量 x 不在列表 list 中
2-变量 y 不在列表 list 中
3-变量 x 在列表 list 中
```

上述代码中用到了列表和选择程序设计，这些内容将在后续章节中进行详细介绍，目前读者会模仿使用即可。

2.2.7 身份运算符与表达式

Python 的身份运算符用于测试两个变量是否引用同一个对象，但与前面介绍的关系相等运算符（==）有所区别。身份运算符分别是 is 和 is not，其运算规则如表 2-8 所示。

表 2-8 身份运算符的运算规则

名称	运算符	功能	实例	优先级
是	is	双目运算符，判断两个变量是否引用同一个对象，若是则返回 True，否则返回 False	参见例 2-5	优先级相同
不是	is not	双目运算符，判断两个变量是否引用同一个对象，若不是则返回 True，否则返回 False	参见例 2-5	

【例 2-5】身份运算符的应用。
本实例需要创建一个程序文件（exp2-5.py），代码如下。

```
#exp2-5.py
x=100
y=100
if(x is y):            #用 is 判断 x 和 y 是否引用同一个对象
      print("1-变量 x 和 y 具有相同的标识")
```

```
    else:
        print("1-变量 x 和 y 没有相同的标识")
if(id(x)== id(y)):    #用==判断 x 和 y 是否引用同一个对象
        print("2-变量 x 和 y 具有相同的标识")
    else:
        print("2-变量 x 和 y 没有相同的标识")
if(x==y):             #用==判断 x 和 y 是否具有相同的值
        print("3-变量 x 和 y 具有相同的值")
    else:
        print("3-变量 x 和 y 没有相同的值")
x=200
if(x is not y):       #用 is not 判断 x 和 y 是否引用同一个对象
        print("4-变量 x 和 y 没有相同的标识")
    else:
        print("4-变量 x 和 y 具有相同的标识")
```

运行结果：

```
1-变量 x 和 y 具有相同的标识
2-变量 x 和 y 具有相同的标识
3-变量 x 和 y 具有相同的值
4-变量 x 和 y 没有相同的标识
```

说明：关系运算符"=="比较的是变量的值是否相等，身份运算符 is 比较的是变量的引用是否一样（即是否指向同一个对象）。

2.2.8 运算符的优先级

Python 规定，在同一个表达式中出现多个运算符时，要先计算优先级高的运算。当出现多个优先级相同的运算符时，按照结合性确定计算次序。括号可以改变优先级次序，有括号时优先计算括号内的表达式。常用运算符的优先级和结合性如表 2-9 所示。

表 2-9　常用运算符的优先级和结合性

优先级	运算符	功能	结合性
高 ↑	( )	括号	从左至右
	**	指数	
	~、+、-	按位取反、正号、负号	
	*、/、%、//	乘、除、求余、整除	
	+、-	加、减	
	<<、>>	左移、右移	
	&	按位与	
	^、|	按位异或、按位或	
	<、<=、>、>=、==、!=、<>	小于、小于等于、大于、大于等于、等于、不等于	
	=、+=、-=、*=、/=、%=、**=、//=	赋值、加等于、减等于、乘等于、除等于、求余等于、幂等于、整除等于	从右至左
	is、is not	身份运算符	从左至右
	in、not in	成员运算符	
	not	逻辑非	从右至左
	and	逻辑与	从左至右
低	or	逻辑或	

运算符优先级告诉我们，在处理任何事情时都要有系统性的统筹安排，按照事情的轻重缓解来决定做事的先后顺序，这样才能真正做到遇事不慌、有条不紊，进而培养良好的个人素养。

2.3　基本输入与输出

基本输入与输出

Python 程序需要通过输入和输出功能来实现与计算机的交互。计算机通过输出将程序对数据的处理结果展示出来，程序员以此评价程序的运行情况；通过输入获取运行所需的原始数据。

2.3.1　输出到屏幕

1. print()函数

（1）基本输出

Python 3.x 中使用 print()函数完成基本输出操作，print()函数的基本格式如下。

```
print([obj1,…][,sep=' '][,end='\n '][,file=sys.stdout])
```

① [ ]表示此项可选，省略所有参数时，表示输出一个空行，如下所示。

```
>>> print()
```

② 输出一个或多个对象，多个对象之间默认用空格分隔，如下所示。

```
>>> print(123)
123

>>> print(123,'abc',456,'def')
123 abc 456 def
```

③ 输出多个对象，对象之间指定分隔符，如下所示。

```
>>> print(123,'abc',456,'def',sep='#')
123#abc#456#def
```

④ 指定输出结尾符号。

print()函数默认以回车换行符为结尾符号，后面的 print()函数会在新的一行输出。也可以用 end 参数指定输出结尾符号，如下所示。

```
>>> print('area');print(6.28)          #默认方式输出结尾，分两行输出
area
6.28

>>> print('area',end='=');print(6.28)  #指定方式输出结尾符"="，输出在一行
area=6.28
```

⑤ 输出到文件。

print()函数默认输出到标准输出流（sys.stdout），可以用 file 参数输出到指定文件，这个文件是事

先打开的，如下所示。

```
>>> file1=open('data.txt','w')        #以可写的方式打开文件 data.txt
>>> print(123,'abc',file=file1)       #将数据写到文件 data.txt 中
>>> file1.close()                     #关闭文件
>>> print(open('data.txt').read())    #输出从文件中读出的内容
123 abc
```

说明：这里只是文件操作的简单示例，详细文件操作将在后文进行介绍。

（2）格式化输出

当需要将数据按一定的格式输出时，可以采用格式控制字符串的方式。此时 print() 函数的格式如下。

```
print(格式控制字符串%(输出项1,输出项2,…,输出项n))
```

此时，print() 函数的功能是按照"格式控制字符串"的要求，将输出项 1、…、n 的值输出到设备上。其中，格式控制字符串包含常规字符和格式字符。

① 常规字符：包括可显示的字符（原样输出）和转义字符。

② 格式字符：以%开头的一个或多个字符，以说明输出数据的类型、形式、长度、小数位数等，如"%d"表示按十进制整型输出；"%c"表示按字符型输出等。格式控制符与输出项应一一对应。Python 常用格式字符如表 2-10 所示。

表 2-10　Python 常用格式字符

格式符	功能说明
d 或 i	以带符号的十进制整数形式输出（正数省略符号）
o	以八进制无符号整数形式输出整数（不输出前导 0）
x 或 X	以十六进制无符号整数形式输出整数（不输出前导 0x）。使用 x 时，十六进制数以小写形式输出；使用 X 时，十六进制数以大写形式输出
c	以字符形式输出一个字符
s	以字符串形式输出
f	以小数形式输出实数，默认带 6 位小数
e 或 E	以标准指数形式输出实数，数字部分含 1 位整数、6 位小数。使用 e 时，指数以小写 e 表示，使用 E 时，指数以大写 E 表示
g 或 G	根据给定的值和精度，系统自动选择 f 和 e 中较紧凑的格式输出

③ 附加格式说明符。若%和格式字符之间增加一些附加格式符，则输出格式更加精准。其格式如下。

```
%[附加格式说明符]格式符
```

常用附加格式说明符如表 2-11 所示。

表 2-11　常用附加格式说明符

格式说明符	功能说明
m	域宽，十进制整数，用于指定输出数据所占的宽度。若 m 大于数据实际宽度，输出时前面补空格；若 m 小于数据的实际宽度，按实际位数输出。小数点占 1 位

格式符	功能说明
n	附加域宽，十进制整数，用于指定实型数据的小数所占的宽度。若 n 大于小数实际宽度，则输出时小数部分后面用 0 补足；若 n 小于小数的实际宽度，则输出时将小数部分多余的位按四舍五入处理。输出若是字符串数据，则表示从字符串中截取的字符数
−	输出数据左对齐，默认为右对齐
+	输出正数时，以+开头
#	作为八进制数和十六进制数的前缀，输出结果前面加上前导 0、0x

【例 2-6】格式字符和附加格式字符的应用。

```
>>> a=3
>>> b=4
>>> print("a=%d,b=%d"%(a,b))
a=3,b=4

>>> x=1.23
>>> y=4.56
>>> print("x=%f,y=%f"%(x,y))
x=1.230000,y=4.560000

>>> print("%4d-%02d-%02d"%(2019,4,18))
2019-04-18

>>> area=6.286
>>> print('area=%6.2f'%area)
area=  6.29              #6.29前面补了两个空格凑齐 6 位宽度，同时小数第 3 位四舍五入了

>>> print('%o'%10)
12

>>> print('%x'%60)
3c

>>> print('%X'%60)
3C

>>> print('%#x'%60)
0x3c

>>> print('%.2e'%123.67)
1.24e+02

>>> print('%6.3s'%'abcdefg')
abc                      #取 3 个字符组成的子串输出，前面补了 3 个空格
```

2. format()函数

从 Python 2.6 开始，新增了一种格式化字符串的函数 str.format()，它增强了字符串格式化的功能。基本语法是通过{}和：来代替以前的%。基本使用方法可参考如下实例。

```
>>> print("{} {}".format("hello", "world"))          #不设置指定位置，按默认顺序
hello world

>>> print("{1} {0} {1}".format("hello", "world")) #设置指定位置
world hello world
```

2.3.2 键盘输入

当用户想从计算机输入设备（如键盘）上读取数据时，Python 3.x 提供了 input()函数，其格式如下。

```
input([prompt])
```

其中，参数 prompt 是可选的，表示用户输入时的提示信息。不管输入什么，该函数返回的都是字符串，若需要输入数值，则需要进行类型转换。

【例 2-7】input()函数的应用。

```
>>> name=input()
Zhang san

>>> name
'Zhang san'

>>> name=input('请输入姓名：')
请输入姓名：Li Si
>>> name
'Li Si'

>>> x=int(input())    #通过 int()函数将输入的字符串转换成整数
12

>>> x
12

>>> a,b = eval(input('输入两个数，逗号隔开：')) #eval()函数将输入的字符串转换成数字
输入两个数，逗号隔开：1,2

>>> print('a+b=%d'%(a+b))
a+b=3
```

本章小结

本章主要介绍了 Python 标识符的定义方法、不同数据类型及其常量和变量的描述形式，重点介绍了 Python 的算术、关系、逻辑、赋值、位、成员、身份等运算符，最后介绍了数据的基本输入和输出方法。

习题

一、选择题

1. 下列选项中，符合 Python 语言变量命名规则的是（　　）。

  A. namelist   B. !i   C. 123_1   D. (string)

2. 若 x=0o1010，则 print(x)后显示（　　）。

  A. 10   B. 520   C. 1010   D. 4112

3. 若 x=0x1010，则 print(x)后显示（　　）。

  A. 4012   B. 4112   C. 4212   D. 4312

4. 下列代码的输出结果是（　　）。

```
x=1.23
print(type(x))
```

  A. <class 'float'>   B. <class 'int'>   C. <class 'complex'>   D. <class 'bool'>

5. 下列代码的输出结果是（　　）。

```
x=1.23+45j
print(x.image)
```

  A. 1.23   B. 45   C. 12   D. 45.0

6. 下列代码的输出结果是（　　）。

```
a=10
b=-1+2j
print(a+b)
```

  A. (9+2j)   B. 9   C. 2j   D. 11

7. 下列语句的输出结果是（　　）。

```
>>>'{:.4e}'.format(234.56789)
```

  A. '2.3456e+02'   B. '234.5679'   C. '2.3457e+02'   D. '2.345e+02'

8. 下列语句的输出结果是（　　）。

```
>>>12 and 34
```

  A. True   B. False   C. 12   D. 34

9. 下列语句的输出结果是（　　）。

```
>>>-5//3
```

  A. 1   B. 2   C. −1   D. −2

10. Python 语言的标识符只能由字母、数字和下画线 3 种字符组成,且第一个字符必须是(　　)。

    A. 字母　　　　　　　　　　　　　　　　B. 下画线

    C. 字母或下画线　　　　　　　　　　　　D. 字母、数字和下画线中的任何一种

11. Python 语句 print(0xA+0xB)的输出结果是(　　)。

    A. 0xA+0xB　　　　B. A+B　　　　C. 131　　　　D. 21

12. 语句 eval('2+4/5')执行后的输出结果是(　　)。

    A. 2.8　　　　B. 2　　　　C. 2+4/5　　　　D. '2+4/5'

13. 字符串 str='a\nb\tc',则 len(str)的值是(　　)。

    A. 7　　　　B. 6　　　　C. 5　　　　D. 4

14. 与关系表达式 x==0 等价的是(　　)。

    A. x=0　　　　B. not x　　　　C. x　　　　D. x!=1

15. Python 中的 input()函数返回的是(　　)类型。

    A. list　　　　B. dict　　　　C. str　　　　D. int

16. 表达式 0.1+0.2==0.3 的结果为(　　)。

    A. True　　　　B. False　　　　C. 1　　　　D. 0

17. a = 2,b = 2,c = 2.0,则 print(a==b, a is b, a is c)的结果是(　　)。

    A. True False True　　　　　　　　B. False False True

    C. True True False　　　　　　　　D. True False False

18. 下列程序段的输出结果是(　　)。

```
s='1e10'
if type(eval(s))==type(1.0):
    print(True)
else:
    print(False)
```

    A. True　　　　B. False　　　　C. 1　　　　D. 0

19. 关于 Python 字符编码,下列描述错误的是(　　)。

    A. Python 字符编码使用 ASCII 编码

    B. chr(x)和 ord(x)函数用于在单字符和 Unicode 编码值之间进行转换

    C. print(chr(65))输出 A

    D. print(ord('a'))输出 97

20. Python 语言提供的 3 个基本数字类型是(　　)。

    A. 整数类型、二进制类型、浮点类型　　　B. 整数类型、浮点类型、复数类型

    C. 十进制类型、二进制类型、十六进制类型　D. 整数类型、二进制类型、复数类型

二、简答题

1. 写出十进制整数 129 对应的二进制、八进制和十六进制形式。

2. 将下列数学表达式写成 Python 语言表达式。

（1）$\dfrac{1.23}{4.5/6.78}$　　　（2）$\dfrac{\sin(\sqrt{x})}{ab}$

（3）$\ln(\ln(10^{2x}+1))$　　（4）$\arctan(\log_2(e+\pi))$

3. 求 Python 表达式的值：$3.5+(8/2*round(3.5+6.7)/2)\%3$。

4. 已知 a=5、b=3、c=7，求 Python 表达式的值：a>b and a>c or b!=c。

5. 请写出数学表达式$-1 \leqslant x \leqslant 1$ 对应的 Python 语言表达式。

6. 已知 x=13、y=3，求表达式~x&y 的值。

7. 写出判断整数 x 能否同时被 3 和 5 整除的 Python 语言表达式。

三、编程题

1. 编程计算 $e^{3.1415926}$，输出结果保留 6 位小数（e^x 对应的库函数为 exp()）。

2. 闰年的判定规则：年份是 400 的倍数，或年份是 4 的倍数但不是 100 的倍数。输入一个年份，输出该年份是否为闰年。

3. 输入一个实数，分别输出其整数部分和小数部分。

4. 已知铁的密度是 $7.86g/cm^3$，请从键盘输入铁球的半径（单位为 cm），计算并输出铁球的表面积和铁球的质量（保留两位小数）。

5. 从键盘输入圆柱体的底面半径和高，计算并输出圆柱体的表面积和体积。

6. 从键盘输入一元二次方程的二次项到常数项系数 a、b、c（保证有两个不等实根），计算并输出两个不等实根。

03

第 3 章 流程控制语句

通常，将计算机解决实际问题的过程的描述称为算法。计算机程序是一种对算法精确描述且可以在计算机上运行的指令序列。总体上说，计算机都是按程序的顺序执行语句的，在程序的某些局部可能要执行选择结构或循环结构的语句。这就引出了本章的主要内容：顺序结构、选择结构和循环结构程序设计。

通过算法设计与实现能力的训练，读者逐步掌握科学的学习方法，从而培养一定的分析问题和解决问题的能力。

本章重点

- 算法的基本概念和描述方法
- 选择结构的各种形式
- while 语句和 for 语句实现的单循环
- while 语句和 for 语句实现的嵌套循环

学习目标

- 掌握顺序结构程序设计的方法
- 掌握选择结构程序设计的方法
- 掌握循环结构程序设计的方法

3.1　顺序结构程序设计

3.1.1　算法

顺序结构程序
设计

1. 算法的概念

算法（Algorithm）是对特定问题求解步骤的描述，是指令的有限序列，其中每条指令表示一个或多个操作。对于实际问题不仅要选择合适的数据结构，还要有好的算法，只有这样才能更好地解决问题。

一个算法必须具备下列 5 个特性。

（1）有穷性：一个算法对于任何合法的输入必须在执行有限步骤之后结束，且每步都可在有限时间内完成。

（2）确定性：算法的每条指令必须有确切的含义，不能有二义性。在任何条件下，算法只有唯一的一条执行路径，即对相同的输入只能得出相同的结果。

（3）可行性：算法是可行的，即算法中描述的操作均可通过基本运算的有限次执行来实现。

（4）输入：一个算法有零个或多个输入，这些输入取自算法加工对象的集合。

（5）输出：一个算法有一个或多个输出，这些输出应是算法对输入加工后合乎逻辑的结果。

2. 算法的评价

通常对算法的评价有下列 4 个指标。

（1）正确性：要求算法对所有的测试数据都能得出满足规则说明所要求的结果。对于大型软件，一般要进行专业测试。

（2）可读性：指算法要便于人们阅读、交流与调试。

（3）健壮性：也称为鲁棒性，指遇到非法的输入时，算法能恰当地做出反应或进行处理，不会产生莫名其妙的输出结果。

（4）时空效率：要求算法的执行时间尽可能得短（时间效率高），占用的存储空间尽可能得少（空间效率高）。但时空要求往往是相互矛盾的，设计者应在时间与空间两方面有所平衡。

3. 算法的描述方法

（1）自然语言方法

最简单的算法描述方法是使用自然语言来描述算法。其优点是简单且便于人们对算法的阅读；缺点是不够严谨，容易产生二义性。

（2）流程图方法

用流程图描述算法是最经典也是最常用的方法。流程图的常用符号如表 3-1 所示。

表 3-1　流程图的常用符号

符号	名称	功能描述
⬭	起止框	算法流程的起点或终点
▭	处理框	各种形式的数据处理（运算）

续表

符号	名称	功能描述
◇	判断框	判断条件以决定下一步的方向
▱	输入/输出框	接收数据或输出数据
▭	过程或函数	事先定义的过程或函数
→	流程线	连接各图框以表示算法执行的顺序
○	连接点	与流程图其他部分相连

【例 3-1】设计算法，求从键盘输入的 3 个数的平均值，画出流程图。

求从键盘输入的 3 个数的平均值的流程图如图 3-1 所示。

（3）N-S 流程图方法

N-S（Nassi Shneiderman）图，也称为盒图，其形式上去掉了流程图中的流程线，全部算法写在一个矩形阵中，在框中还可以包含其他框的流程图形式，如图 3-2 所示。具体形式可参考例 3-2。

【例 3-2】设计算法，求 n 的阶乘，画出 N-S 图。

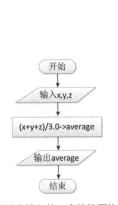

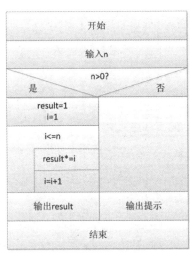

图 3-1　求从键盘输入的 3 个数的平均值的流程图　　图 3-2　求阶乘算法的 N-S 图

（4）伪码方法

伪码介于自然语言与计算机语言之间。使用伪码，不用拘泥于具体实现。相比程序语言，它更类似自然语言。它是半角式化、不标准的语言，可以将整个算法运行过程的结构用接近自然语言的形式（可以使用任何一种用户熟悉的文字）描述出来。

使用伪码可以将被描述的算法转换成任何一种编程语言来实现。因此，伪码必须结构清晰、代码简单、可读性好，并且类似自然语言。

3.1.2　顺序结构程序设计举例

顺序结构的程序只有一个入口和一个出口，程序流向沿一个方向进行。下面通过几个应用实例来介绍顺序结构程序设计。

【例 3-3】编写程序，输入三角形的 3 个边长（设满足构成条件），计算并输出三角形的面积。

分析：设 3 个边长的变量分别为 a、b、c，则三角形面积的计算公式为 $area = \sqrt{s(s-a)(s-b)(s-c)}$，其中 $s=(a+b+c)/2$。

算法步骤描述如下：①输入 3 个边长；②计算出周长的一半；③通过面积计算公式计算出面积；④输出面积。

参考代码如下：

```
#exp3-3.py
import math    #导入 math 库，以便使用开根号函数
a,b,c=eval(input('请输入三角形的 3 个边长,逗号间隔: ')) #eval()函数将输入的字符串转换成数值
s=(a+b+c)/2.0
area=math.sqrt(s*(s-a)*(s-b)*(s-c))              #调用开根号函数
print("area=%6.2f"%area);
```

运行结果：

```
请输入三角形的 3 个边长,逗号间隔: 3,4,5
area=6.00
```

【例 3-4】编写程序，将从键盘输入的三位整数从高位到低位输出各位数字。

分析：利用整除和求余运算符分别将整数的个位、十位和百位取出，然后从高位到低位输出。

参考代码如下：

```
#exp3-4.py
x=int(input("请输入一个三位整数: "))
a=x//100
b=x//10%10
c=x%10
print("百位: %d  十位: %d  个位: %d\n"%(a,b,c))
```

运行结果：

```
请输入一个三位整数: 321
百位: 3  十位: 2  个位: 1
```

【例 3-5】鸡兔同笼问题。将鸡和兔子关在同一个笼子里，假如知道鸡和兔子的头的总数为 h，脚的总数为 f。请计算鸡和兔子各有多少只。

分析：设鸡和兔子分别有 x 只和 y 只，则由 $x+y=h$ 和 $2x+4y=f$ 二元一次方程可解出 $x=(4h-f)/2$，$y=(f-2h)/2$。本例暂不考虑输入不合理的数据。

参考代码如下：

```
#exp3-5.py
```

```
h,f=eval(input('请输入头的总数和脚的总数,逗号间隔: '))  #eval()函数将输入的字符串转换成数值
x=(4*h-f)/2
y=(f-2*h)/2
print("鸡: %d  兔子: %d\n"%(x,y))
```

运行结果:

```
请输入头的总数和脚的总数,逗号间隔: 30,80
鸡: 20  兔子: 10
```

3.2 选择结构程序设计

选择结构的作用是根据指定的条件选择所要执行的操作，它是程序设计中非常重要的控制结构。Python 提供了单分支（if）、双分支（if/else）和多分支（if/elif/else）3 种形式的选择结构。当语句块又是分支结构时就会形成各种嵌套分支形式。

选择结构程序设计

3.2.1 单分支

单分支是最简单的选择结构，其逻辑上是先判断条件，若条件为真则执行语句块。单分支的语法格式如下。

```
if  表达式:
    语句块
```

其功能可以通过流程图来表示，如图 3-3 所示。

说明如下。

（1）表示条件的"表达式"后必须有冒号。

（2）在 Python 中所有的非 0 值均表示真，所以"表达式"可以是任意类型的表达式，但一般用关系表达式或逻辑表达式。

（3）语句块必须向右缩进，语句块有多条语句时，右缩进要一致（上下对齐，可用 Tab 键），如下所示。

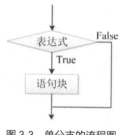

图 3-3 单分支的流程图

```
if x>y:
    t=x
    x=y
    y=t
```

（4）若语句块只有一条语句，则可直接写在冒号后，如下所示。

```
if a>b: a,b=b,a
```

3.2.2 双分支

双分支在逻辑上是，若条件为真则执行一个语句块，若条件为假则执行另一个语句块。双分支的语法格式如下。

```
if  表达式:
    语句块 1
else:
    语句块 2
```

其功能可以通过流程图来表示，如图 3-4 所示。

说明如下。

（1）表达式的形式和缩进要求同单分支一样。

（2）else 后也有冒号。

（3）Python 还支持如下形式的双分支判断。

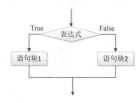

图 3-4　双分支的流程图

```
value1 if 条件 else value2
```

举例如下：

```
>>> a=5
>>> print(6 if a>3 else 5)
6
```

【例 3-6】判断输入的年份是否为闰年。

闰年判断方法：年份能被 4 整除而不能被 100 整除，或年份能被 400 整除。

参考代码如下：

```
#exp3-6.py
year=eval(input('请输入年份: '))
if (year%4==0 and year%100!=0) or year%400==0:
    print("%d 年是闰年\n"%year)
else:
    print("%d 年不是闰年\n"%year)
```

运行结果：

```
请输入年份: 2016
2016 年是闰年
请输入年份: 2019
2019 年不是闰年
```

【例 3-7】完善例 3-3，要求对输入的 3 个数能否构成三角形进行合法性判断，即任何两边之和大于第三边才能进行面积计算，否则给出提示。

分析：利用双分支进行合法性判断。

参考代码如下：

```
#exp3-7.py
import math
a,b,c=eval(input('请输入三角形的 3 个边长,逗号间隔: '))
if a+b>c and a+c>b and b+c>a:
```

```
        s=(a+b+c)/2.0
        area=math.sqrt(s*(s-a)*(s-b)*(s-c))
        print("area=%6.2f"%area);
else:
        print("不能构成三角形")
```

运行结果：

```
请输入三角形的 3 个边长,逗号间隔: 1,2,3
不能构成三角形
请输入三角形的三边长,逗号间隔: 3,4,5
area=6.00
```

3.2.3 多分支

多分支为用户提供了更多的选择，以实现复杂的业务逻辑。多分支的语法格式如下。

```
if  表达式 1:
    语句块 1
elif 表达式 2:
    语句块 2
elif 表达式 3:
    语句块 3
…
else:
        语句块 n+1
```

其功能可以通过流程图来表示，如图 3-5 所示。

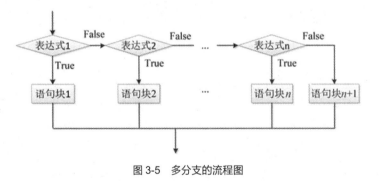

图 3-5　多分支的流程图

说明如下。

（1）关键字 elif 是 else if 的缩写。

（2）Python 不提供如 C 语言中的 switch 语句。

（3）最后一个语句块 n+1 前无须再判断条件了。

【例 3-8】将键盘输入的百分制成绩转换成五分制。转换规则：90~100 分为优秀，80~89 分为良好，70~79 分为中等，60~69 分为及格，60 分以下为不及格，其他成绩非法提示。

分析：利用多分支进行判断。

参考代码如下：

```
#exp3-8.py
score=int(input('请输入成绩：'))    #将输入的字符型数据转换成整数
if score>100 or score<0:
        print("wrong score! (eg:0~100)")
elif score>=90:
        print("优秀")
elif score>=80:
        print("良好")
elif score>=70:
        print("中等")
elif score>=60:
        print("及格")
else:
        print("不及格")
```

运行结果：

```
请输入成绩：88
良好
请输入成绩：120
wrong score! (eg:0~100)
```

【例 3-9】阶梯电费计算。为了鼓励节约用电，某市规定按以下方法进行电费计算，如表 3-2 所示。从键盘输入用电量，请计算该户的当月电费。

表 3-2　阶梯电费计算方法

阶梯档次	该户的月用电量/（kW·h）	电价标准/[元/（kW·h）]
第一档	[0, 180]	0.56
第二档	（180, 260]	0.61
第三档	（260, +∞）	0.86

分析：设用电量用 x 表示，电费用 y 表示，则可用如下分段函数进行计算。

$$y = \begin{cases} 0.56 \times x & x \leqslant 180 \\ 180 \times 0.56 + (x-180) \times 0.61 & 180 < x \leqslant 260 \\ 180 \times 0.56 + 80 \times 0.61 + (x-260) \times 0.86 & x > 260 \end{cases}$$

参考代码如下：

```
#exp3-9.py
x=int(input('请输入本月用电量：'))
if x<=180:
    y=0.56*x
elif x>180 and x<=260:
    y=180*0.56+(x-180)*0.61
else:
```

```
        y=180*0.56+80*0.61+(x-260)*0.86
    print("用电量为%d时，电费为%.2f\n"%(x,y))
```

运行结果：

```
请输入本月用电量：150
用电量为 150 时，电费为 84.00
请输入本月用电量：250
用电量为 250 时，电费为 143.50
请输入本月用电量：350
用电量为 350 时，电费为 227.00
```

【例 3-10】一元二次方程根的求解。其中各项系数从键盘输入。

分析：设一元二次方程的形式为 $ax^2+bx+c=0$（$a\neq0$），则方程的根有以下 3 种形式。

（1）$b^2-4ac=0$，有两个相等实根。

（2）$b^2-4ac>0$，有两个不等实根。

（3）$b^2-4ac<0$，无实数根。

参考代码如下：

```
#exp3-10.py
import math
a,b,c=eval(input('请输入方程的各项系数，逗号间隔：'))
delt=b*b-4*a*c
if delt==0:
    print("两个相等实根为：%f"%(-b/(2.0*a)));
elif delt>0:
    x1=(-b+math.sqrt(delt))/(2.0*a)
    x2=(-b-math.sqrt(delt))/(2.0*a)
    print("实数根 1：%f,实数根 2：%f"%(x1,x2))
else:
    print("无实数根")
```

运行结果：

```
请输入方程的各项系数，逗号间隔：1,2,1
两个相等实根为：-1.000000
请输入方程的各项系数，逗号间隔：2,-6,1
实数根 1：2.822876,实数根 2：0.177124
请输入方程的各项系数，逗号间隔：4,1,1
无实数根
```

3.2.4　选择结构的嵌套

当语句块又是分支结构时就会形成各种嵌套分支形式，如下面的几个示例。

（1）示例 1

```
if  表达式1:
    if 表达式2:
        语句块1
    else:
        语句块2
```

（2）示例 2

```
if  表达式1:
    if 表达式2:
        语句块1
else:
        语句块2
```

（3）示例 3

```
if  表达式1:
    if 表达式2:
        语句块1
    else:
        语句块2
else:
    if 表达式4:
        语句块3
    else:
        语句块4
```

说明：Python 中是根据对齐关系来确定 if 之间的逻辑关系的，如在示例 1 中 else 与第 2 个 if 匹配，在示例 2 中 else 与第 1 个 if 匹配。

【例 3-11】例 3-8 的新解法。

分析：可以利用列表（用法参见第 4 章）将 5 个等级保存好，然后利用成绩十位或百位上的数字来查表选择等级。

参考代码如下：

```
#exp3-11.py
grade=['及格','中等','良好','优秀','优秀','不及格']
score=eval(input('请输入百分制成绩'))
if score<0 or score>100:
        print("error!(eg:0~100)");
else:
        index=(score-60)//10   #求出十位上的数字
        if index>=0:
                print(grade[index])
        else:
                print(grade[-1])
```

运行结果：

```
请输入百分制成绩 90
优秀
请输入百分制成绩 72
中等
请输入百分制成绩 55
不及格
```

【例 3-12】从键盘输入两个整数，请比较两者的大小关系。

分析：利用嵌套分支进行判断。

参考代码 1 如下：

```
#exp3-12-1.py
print("请输入两个整数：");
a=int(input('a:'))
b=int(input('b:'))
if a!=b:
    if a>b:
            print("%d > %d"%(a,b));
    else:
            print("%d < %d"%(a,b));
else:
        print("%d = %d"%(a,b))
```

运行结果：

```
请输入两个整数：
a:2
b:1
2 > 1
请输入两个整数：
a:2
b:2
2 = 2
```

参考代码 2 如下：

```
#exp3-12-2.py
print("请输入两个整数：");
a=int(input('a:'))
b=int(input('b:'))
if a==b:
        print("%d = %d"%(a,b))
elif a>b:
        print("%d > %d"%(a,b));
else:
        print("%d < %d"%(a,b));
```

运行结果:

```
请输入两个整数:
a:1
b:2
1 < 2
请输入两个整数:
a:10
b:10
10 = 10
```

3.3 循环结构程序设计

循环结构是一种让指定的语句块按给定的条件重复执行多次的结构。给定的条件称为循环条件,重复执行的语句块称为循环体。Python 提供了 while 语句和 for 语句两种形式的循环结构。

3.3.1 while 语句

while 语句用于判断条件。当条件为真时执行循环体,直到条件为假时结束执行。while 语句的语法格式如下。

```
while 条件表达式:
    语句块
[else:
    语句块 2]
```

其功能可以通过流程图来表示,如图 3-6 所示。

说明如下。

(1)条件表达式可以是任意类型的表达式,但一般用关系表达式或逻辑表达式。

(2)当语句块有多条语句时,缩进时要对齐。

(3)若循环体只有一条语句,则可与 while 写在同一行。

(4)若有 else 则表示条件为假时,将执行语句块 2。

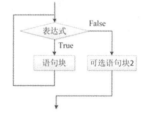

图 3-6　while 语句的流程图

(5)为了避免无限循环,循环体中需有修改循环变量的语句,确保循环条件不会一直为真;也可以通过 break 语句来中断循环。

【例 3-13】 求 $s=1+2+\cdots+n$,其中 n 由键盘输入。

分析:这是一个有规律数的累加问题。可以通过循环变量保存累加项,每次累加后循环变量加 1。

参考代码如下:

```
#exp3-13.py
n=int(input("请输入正整数 n="))
s=0
```

```
    i=1
while i<=n:
    s=s+i
    i=i+1
print("s=%d\n"%(s));
```

运行结果：

```
请输入正整数 n=100
s=5050
```

【例 3-14】判断从键盘输入的整数是几位数，并输出其每位上的数字。

分析：先利用求余运算符（%）求出整数的个位并输出，然后用整除运算符（//）整除 10，从而丢掉个位数。

参考代码如下：

```
#exp3-14.py
n=int(input("请输入正整数 n="))
i=0
print("该数从低位到高位依次为：");
while n>0:
    print("%d"%(n%10))
    i=i+1
    n=n//10
print("该数是%d位数。\n"%(i));
```

运行结果：

```
请输入正整数 n=12345
该数从低位到高位依次为：
5
4
3
2
1
该数是 5 位数。
```

3.3.2　for 语句

for 语句是通过遍历某一序列对象来实现循环的结构，适合循环次数确定的情况。for 语句的语法格式如下。

```
for 循环变量　in　序列对象：
    循环体
[else:
    语句块 2]
```

其功能可以通过流程图来表示，如图 3-7 所示。

说明如下。

（1）常用列表、元组、字符串作为序列对象组织 for 循环。

（2）当语句块有多条语句时，缩进时要对齐。

（3）若循环体只有一条语句，则可与 for 写在同一行。

（4）若有 else 则表示序列对象中没有项目时，将执行语句块 2。

（5）循环体可以通过 break 语句来中断循环。

（6）Python 3.x 中可用内建函数 range()来产生序列对象控制 for 循环，range()函数的语法格式如下。

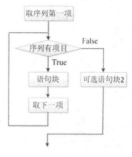

图 3-7　for 语句的流程图

```
range([start] stop [,step])
```

其中 start 和 step 为可选项，分别表示序列的初始值（默认为 0）和步长（默认为 1），stop 表示结束值，该函数将生成一个从 start 到 stop（不含 stop）的数字序列。

示例如下：

```
>>> for i in range(1,10,2):
        print(i)
1
3
5
7
9
```

【例 3-15】使用 for 循环实现例 3-13。

分析：利用 range()函数生成指定范围的序列对象。

参考代码如下：

```
#exp3-15.py
n=int(input("请输入正整数 n="))
s=0
for i in range(1,n+1):
    s=s+i
print("s=%d\n"%(s));
```

运行结果：

```
请输入正整数 n=100
s=5050
```

【例 3-16】判断从键盘输入的数 n 是否为素数。素数也称为质数，是指只能被 1 和自身整除的自然数。

分析：根据定义一般只需测试 n 是否能被 2、3、$\cdots$、$n/2$（或 $\sqrt{n}$）整除，只要能被其中一个数整除，那么 n 就不是素数。

参考代码 1 如下：

```
#exp3-16-1.py
n=int(input("请输入正整数 n="))
```

```
flag=1
for i in range(2,n//2+1):        #序列结束值采用 n/2
    if n%i==0:
        flag=0
        break                    #结束循环
if flag==1:
    print("%d是素数"%(n));
else:
    print("%d不是素数"%(n));
```

参考代码 2 如下：

```
#exp3-16-2.py
import math
n=int(input("请输入正整数 n="))
flag=1
for i in range(2,int(math.sqrt(n))+1):     #序列结束值采用 n 的平方根
    if n%i==0:
        flag=0
if flag==1:
    print("%d是素数"%(n));
else:
    print("%d不是素数"%(n));
```

运行结果：

```
请输入正整数 n=13
13 是素数
请输入正整数 n=9
9 不是素数
```

【例 3-17】判断从键盘输入的一行字符串中元音字母的个数。

分析：取出字符串的字符依次判断即可。

参考代码如下：

```
#exp3-17.py
str=input("请输入一行字符串(字母小写)：")
num=0
for ch in str:
    if ch=='a' or ch=='e' or ch=='i' or ch=='o' or ch=='u':
        num+=1
print("元音字母个数为%d"%(num));
```

运行结果：

```
请输入一行字符串(字母小写)：python programming
元音字母个数为 4
```

【例 3-18】输出所有的三位水仙花数。水仙花数是指该数各位数字的立方和等于该数本身。

分析：先对三位数进行数字分解，然后判断各位数字的立方和是否等于该数本身。

参考代码如下：

```
#exp3-18.py
print("水仙花数为: ",end=" ");
for i in range(100,1000):
    a=i//100
    b=i//10%10
    c=i%10
    if a**3+b**3+c**3==i:
        print(i,end=" ");
```

运行结果：

```
水仙花数为: 153 370 371 407
```

3.3.3　break 语句和 continue 语句

Python 中提供了两类特殊语句，即 break 语句和 continue 语句，用于结束或终止本次循环。这两个语句一般要结合选择结构使用，以在特定条件满足时才结束或终止本次循环。

break 语句用于结束循环体的执行，从循环中跳出来转向循环后面的语句，即使循环条件依然成立，也会跳出循环；可以用流程图来描述，如图 3-8 所示。

continue 语句用于终止本次循环体的执行，开始下一次循环，直到循环条件不成立为止；可以用流程图来描述，如图 3-9 所示。

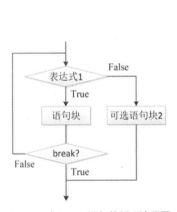

图 3-8　含 break 语句的循环流程图

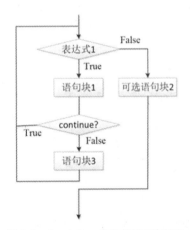

图 3-9　含 continue 语句的循环流程图

下面通过简单示例演示 break 语句和 continue 语句对循环的影响。

```
#测试break语句的作用
for i in range(1,11):
    if i%5==0:
        break
    else:
        print(i,end=" ")
```

运行结果：

```
1 2 3 4          #循环变量为 5 时即结束循环
```

```
#测试 continue 语句的作用
for i in range(1,11):
    if i%5==0:
        continue
    else:
        print(i,end=" ")
```

运行结果：

```
1 2 3 4 6 7 8 9    #循环变量为 5 的倍数时即跳过本次循环，从下一次循环开始
```

3.3.4 循环的嵌套

如果一个循环的循环体内又包含了循环结构，则称为循环的嵌套，也称为多重循环。while 语句和 for 语句可以相互嵌套。下面是双重循环的示例。

（1）示例一

```
for 变量 1  in 序列 1：
    语句块 1
    for 变量 2  in 序列 2：
        语句块 2
    语句块 3
```

（2）示例二

```
while 条件表达式 1：
    语句块 1
    while  条件表达式 2：
        语句块 2
    语句块 3
```

说明如下。

（1）对于外循环变量的每一个取值，内循环要执行完一个完整周期。

（2）在很多应用场合，要注意内外循环变量之间的联系。

（3）若内循环体内有 break 语句被执行，则跳出后仍然在外循环体内。

（4）循环嵌套只能层层嵌套，不能出现内外循环交叉。

【例 3-19】输出九九乘法表。

说明：外循环控制行数，内循环控制每行输出的乘法算式数。注意内循环的终值为外循环变量的当前取值。

参考代码如下：

```
#exp3-19.py
for i in range(1,10):
    str=""
    for j in range(1,i+1):
        str=str+"%d*%d=%-2d "%( j, i,i*j)    #将乘法算式拼接成字符串
    print(str)
```

运行结果：

```
1*1=1
1*2=2  2*2=4
1*3=3  2*3=6  3*3=9
1*4=4  2*4=8  3*4=12 4*4=16
1*5=5  2*5=10 3*5=15 4*5=20 5*5=25
1*6=6  2*6=12 3*6=18 4*6=24 5*6=30 6*6=36
1*7=7  2*7=14 3*7=21 4*7=28 5*7=35 6*6=42 7*7=49
1*8=8  2*8=16 3*8=24 4*8=32 5*8=40 6*8=48 7*8=56 8*8=64
1*9=9  2*9=18 3*9=27 4*9=36 5*9=45 6*9=54 7*9=63 8*9=72 9*9=81
```

【例 3-20】输出 100 以内所有的素数，每行输出 10 个数。

说明：外循环控制判断范围，内循环控制判断每个外循环变量是否为素数，并增加了统计变量 n，当其是 10 的倍数时换行。

参考代码如下：

```
#exp3-20.py
n=0
str=""
print('100 以内的素数为：')
for i in range(2,101):
    flag=1
    for j in range(2,i//2+1):
        if i%j==0:
            flag=0
            break         #结束循环
    if flag==1:
        n+=1
        str=str+"%-2d "%(i)
        if n%10==0:
            print(str)
            str=""
print(str)
```

运行结果：

```
100 以内的素数为：
2   3   5   7   11  13  17  19  23  29
31  37  41  43  47  53  59  61  67  71
73  79  83  89  97
```

【例 3-21】现有两个列表，list1=['赵', '钱', '孙', '李']，list2=[1,2]。要求从两个表中各取一个元素形

成新的列表。

说明：外循环控制从第 1 个列表取值，内循环控制从第 2 个列表取值，利用 append() 方法添加组合数据到第 3 个列表中。

参考代码如下：

```
#exp3-21.py
list1=['赵', '钱', '孙', '李']
list2=[1,2]
list3=[]
for i in list1:
    for j in list2:
            list3.append([i,j])
print('重组后的列表为: ')
print(list3)
```

运行结果：

```
重组后的列表为:
[['赵', 1], ['赵', 2], ['钱', 1], ['钱', 2], ['孙', 1], ['孙', 2], ['李', 1], ['李', 2]]
```

小箱　　　循环程序设计应该是程序设计最为核心的技术，通过循环迭代才能发挥计算机的运算优势。同时通过循环的学习，我们应该能体会到"不积跬步,无以至千里"的道理，学习过程就是一个知识积累的过程，我们不要好高骛远，只有脚踏实地、认真求学，才有可能真正实现人生目标，实现为国家做贡献、为人民谋幸福的远大理想。

3.4　综合应用

在解决实际问题的过程中，往往要综合运用顺序、分支和循环结构，可能还需要用到 break 语句和 continue 语句。

综合案例

【例 3-22】猜数游戏。程序会根据用户设置的范围（宽度大于 20）自动生成一个整数，然后给用户最多 8 次机会通过输入猜这个数。若输入大于预设数，则提示"太大了"；若输入小于预设数，则提示"太小了"；如此循环，直到猜中或 8 次机会用完，并给出次数用完或猜中提示。

分析：利用 randint() 方法生成指定范围的随机数，格式为 random.randint(a,b)，用于生成一个指定范围内的整数。其中参数 a 是下限，参数 b 是上限。生成的随机数 n 满足 $a \leqslant n \leqslant b$。

参考代码如下：

```
#exp3-22.py
import random
a=int(input('请输入范围下限: '))
b=int(input('请输入范围上限: '))
setNum=random.randint(a,b)   #利用 randint()方法生成指定范围的随机数
print('你可以进行 8 次预测')
```

```
for guessCount in range(1,9):
    guessNum=int(input())
    if guessNum>setNum:
        print('太大了')
    elif guessNum<setNum:
        print('太小了')
    else:
        break;
if guessNum==setNum:
    print("恭喜你, 第"+str(guessCount)+"次猜对了! ")
else:
    print("很遗憾! 次数已到, 未猜对! ")
```

运行结果:

```
请输入范围下限: 20
请输入范围上限: 40
你可以进行 8 次预测
30
太小了
35
太小了
38
太小了
39
恭喜你, 第 4 次猜对了!
```

【例 3-23】求从键盘输入的两个整数的最大公约数和最小公倍数。

分析: 可以用辗转相除法求最大公约数。利用大数除以小数, 若余数不为 0, 则将小数送给大数变量, 余数送给小数变量; 余数为 0 时, 小数变量中的数即为最大公约数。最小公倍数等于两数乘积除以最大公约数。

参考代码如下:

```
#exp3-23.py
import random
a=int(input('请输入第一个数（大）: '))
b=int(input('请输入第二个数（小）: '))
s=a*b
while a%b!=0:
    a,b=b,(a%b)
else:
    print("最大公约数为: %d"%(b))
    print("最小公倍数为: %d"%(s//b))
```

运行结果:

```
请输入第一个数（大）: 60
```

```
请输入第二个数（小）: 48
最大公约数为: 12
最小公倍数为: 240
```

【例 3-24】利用下式求 π 的近似值，直到累加项的绝对值小于 10^{-5} 为止。

$$\frac{\pi}{4}=1-\frac{1}{3}+\frac{1}{5}-\frac{1}{7}\cdots$$

分析：这是一个累加问题，利用累加项的绝对值作为循环条件。

参考代码如下：

```
#exp3-24.py
i=1
pi=0
flag=1
while (1.0/i)>1e-5:
    pi+=flag*1.0/i
    i+=2;
    flag=-flag
print("pi=%f"%(4*pi))
```

运行结果：

```
pi=3.141573
```

【例 3-25】将一个正整数分解质因数。例如，输入 90，输出 90 = 2*3*3*5。

分析：设待分解的数为 x，分解质因数的过程可按以下步骤进行。

（1）首先找到 x 的一个最小质因数 k（ 2≤k≤x）。

（2）若这个质因数 k 等于 x，则说明分解结束，跳出循环，输出最后一个质因数 x。

（3）若这个质因数 k 不等于 x，但因 x 能被 k 整除，所以 k 是 x 的一个质因数，应输出 k 的值，并将 x 整除 k 的商作为新的正整数 x，重复执行第（1）步。

参考代码如下：

```
#exp3-25.py
x=int(input('请输入一个正整数: '))
print("%d="%x,end='')
for k in range(2,x+1):
    while x!=k:
        if x%k==0:
            print("%d*"%k,end='')
            x/=k
        else:
            break
print("%d"%x)
```

运行结果：

```
请输入一个正整数: 90
90=2*3*3*5
```

【例 3-26】输出以下菱形图案。

```
        *
       ***
      *****
     *******
    *********
   ***********
    *********
     *******
      *****
       ***
        *
```

分析：利用两个嵌套循环。第 1 个双重循环控制前 6 行输出，每行先输出递减个数的空格，然后输出*；第 2 个双重循环控制后 5 行输出，每行先输出递增个数的空格，然后输出*。每行结束要换行。

参考代码如下：

```
#exp3-26.py
for i in range(1,7):
        for j in range(1,7-i):          #输出递减个数的空格
                print(" ",end='')
        for j in range(1,2*i):          #输出*，递增个数
                print("*",end='')
        print()                         #换行
for i in range(1,6):
        for j in range(1,i+1):          #输出递增个数的空格
                print(" ",end='')
        for j in range(1,12-2*i):       #输出*，递减个数
                print("*",end='')
        print()                         #换行
```

运行结果如题中所给的菱形图案。

【例 3-27】排序问题。设有一批整数保存在列表中，请将列表排成有序表。

方法 1：采用冒泡排序。冒泡排序思想为，在无序序列中，每一次循环通过相邻元素比较确定一个最大元素的位置（升序）。N 个关键字序列，最多只需 N–1 次循环即可完成排序。具体排序思想可参考图 3-10。

参考代码如下：

```
#exp3-27-1.py
list=[10,23,5,76,21,44,92,8,19,33]
for i in range(count):
        for j in range(count-i-1):
                if list[j]>list[j+1]:
                        list[j],list[j+1]=list[j+1],list[j]
print("排序结果: ",list)
```

运行结果：

排序结果: [5, 8, 10, 19, 21, 23, 33, 44, 76, 92]

方法 2：采用选择排序。选择排序思想为，在无序序列中，每一次循环选择一个最小元素与当前位置的元素交换（升序）。*N* 个关键字序列，最多只需 *N*−1 次循环即可完成排序。具体排序思想可参考图 3-11。

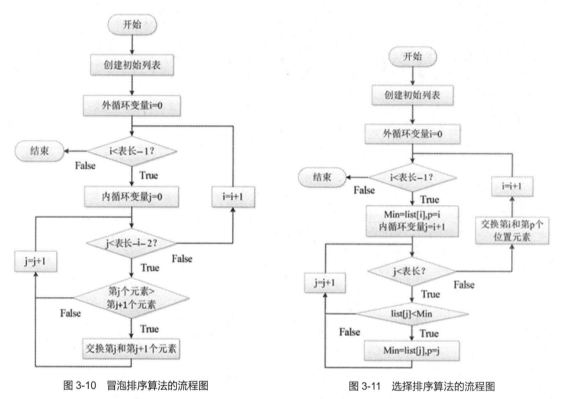

图 3-10　冒泡排序算法的流程图　　　　图 3-11　选择排序算法的流程图

参考代码如下：

```python
#exp3-27-2.py
list=[10,23,5,76,21,44,92,8,19,33]
count=len(list)
for i in range(count-1):
    Min=list[i]
    p=i
    for j in range(i+1,count):
        if list[j]<Min:
            Min=list[j]
            p=j
    if p!=i:
        list[i],list[p]= list[p],list[i]  #交换最小值到第 i 个索引处
print("排序结果: ",list)
```

运行结果：

排序结果：[5, 8, 10, 19, 21, 23, 33, 44, 76, 92]

【例 3-28】用列表保存了从键盘输入的 $N \times N$ 整数矩阵，请编程输出该矩阵的所有鞍点。鞍点是指该位置上的数满足该行最大、该列最小。没有鞍点则输出提示"没有鞍点！"。

分析：先将矩阵的每一行最大数和每一列最小数求出来，分别存放在列表 c 和 b 中，然后对 c[i] 和 b[j] 的每对元素进行比较，假定 c[i] 和 b[j] 相等，则 a[i][j] 一定是鞍点。

参考代码如下：

```python
#exp3-28.py
n=int(input("请输入方阵的阶数："))
a=[]        #存储二维列表
count=0  #统计鞍点数
b=[]      #保存每列的最小数
c=[]        #保存每行的最大数
for i in range(n):
        s=input()
        a.append([int(n) for n in s.split()])#将输入的每行数据分成一个列表，作为矩阵的一行
for i in range(n):    #求每行的最大数
        Max=a[i][0]
        for j in range(1,n):
                if a[i][j]>Max:
                        Max=a[i][j]
        c.append(Max)
for j in range(n):    #求每列的最小数
        Min=a[0][j]
        for i in range(1,n):
                if a[i][j]<Min:
                        Min=a[i][j]
        b.append(Min)
for i in range(n):
        for j in range(n):
                if c[i]==b[j]:
                        print("第%d行第%d列为鞍点,值为%d"%(i+1,j+1,a[i][j]))
                        count+=1
if count!=0:
        print("鞍点数为：%d"%count)
else:
        print("没有鞍点！")
```

运行结果：

```
请输入方阵的阶数：4
1 7 4 1
4 8 3 6
1 6 1 2
0 7 8 9
```

第 3 行第 2 列为鞍点,值为 6

鞍点数为：1

【例 3-29】通信录程序。

分析：通过字典（用法参见第 4 章）保存通信录的信息，含姓名和电话。可以通过菜单进行查询、插入、删除和退出操作。

参考代码如下：

```
#exp3-29.py
print('''|===欢迎进入通信录程序===|
|---1.查询联系人资料---|
|---2.插入新的联系人---|
|---3.删除已有联系人---|
|---4.退出通信录程序---|''')
addressBook={}    #定义通信录
while 1:
    temp=int(input('请输入指令代码: '))    #转换为数字
    if  temp<1 or temp>4:
        print("输入的指令错误，请按照提示输入")
        continue
    if item==4:
        print("|---感谢使用通信录程序---|")
        break
    name = input("请输入联系人姓名:")
    if item==1:
        if name in addressBook:
            print(name,':',addressBook[name])
            continue
        else:
            print("该联系人不存在! ")
    if item==2:
        if name in addressBook:
            print("您输入的姓名在通信录中已存在-->>",name,":",addressBook[name])
            isEdit=input("是否修改联系人资料(Y/N):")
            if isEdit=='Y':
                userphone = input("请输入联系人电话: ")
                addressBook[name]=userphone
                print("联系人修改成功")
                continue
            else:
                continue
        else:
            userphone=input("请输入联系人电话: ")
            addressBook[name]=userphone    #将联系人电话作为值添加到字典中
            print("联系人加入成功! ")
            continue
```

```
        if item==3:
                if name in addressBook:
                del addressBook[name]
                print("删除成功！")
                continue
            else:
                print("联系人不存在")
```

运行结果：

```
|===欢迎进入通信录程序===|
|---1.查询联系人资料---|
|---2.插入新的联系人---|
|---3.删除已有联系人---|
|---4.退出通信录程序---|
请输入指令代码：2
请输入联系人姓名：aaa
请输入联系人电话：123456
联系人加入成功！
请输入指令代码：2
请输入联系人姓名：bbb
请输入联系人电话：654321
联系人加入成功！
请输入指令代码：2
请输入联系人姓名：ccc
请输入联系人电话：635241
联系人加入成功！
请输入指令代码：1
请输入联系人姓名：aaa
aaa : 123456
```

本章小结

本章主要介绍了顺序结构、选择结构和循环结构的基本形式，重点介绍了单分支、双分支、多分支及分支嵌套的选择结构，以 while 语句和 for 语句为代表的循环结构及循环嵌套；同时还介绍了 break 语句和 continue 语句在循环结构中的应用，并提供了一些综合应用案例。

习题

一、选择题
1. 下列代码的输出结果是（　　）。

```
x2=1
for day in range(3,0,-1):
```

```
    x1-(x2+1)*2
    x2=x1
print(x1)
```

    A. 46   B. 94   C. 190   D. 22

2. 下列代码的输出结果是（   ）。

```
for s in "HelloWorld":
    if s=="W":
            continue
    print(s,end="")
```

    A. Helloorld   B. Hello   C. World   D. HelloWorld

3. 下列语句不能完成 1～10 的累加求和的是（   ）。

    A. for i in range(11):sum+=i   B. for i in range(1,11):sum+=i

    C. for i in range(10,0,−1):sum+=i   D. for i in range(10,9,8,7,6,5,4,3,2,1):sum+=i

4. 下列代码的输出结果是（   ）。

```
d = {}
for i in range(26):
        d[chr(i+ord("a"))] = chr((i+13) % 26 + ord("a"))
for c in "Python":
        print(d.get(c, c), end="")
```

    A. Plguba   B. Cabugl   C. Python   D. Pabugl

5. 下列代码的输出结果是（   ）。

```
a = [5,1,3,4]
print(sorted(a,reverse = True))
```

    A. [1, 3, 4, 5]   B. [5, 1, 3, 4]   C. [5, 4, 3, 1]   D. [4, 3, 1, 5]

二、阅读程序题

1. 下列代码的输出结果是_____。

```
for i in range(1,6):
    if i/3==0:
      break
    else:
      print(i, end=' ')
```

2. 下列代码的输出结果是_____。

```
a=[]
for i in range(2,10):
    count=0
    for x in range(2,i-1):
          if i%x==0:
                count+=1
    if count!=0:
```

```
        a.append(i)
print(a)
```

3. 下列代码的输出结果是_____。

```
i=1
j=1
while i<10:
    x=i*j
    print("%d*%d=%d"%(i,j,x))
    i+=1
    j+=1
```

4. 下列代码的输出结果是_____。

```
m=3
while m<10:
    n=2
    while n<=m-1:
        if m%n==0:
            break
        if n==m-1:
            print(m)
        n+=1
    m+=1
```

5. 下列代码的输出结果是_____。

```
sum=0
for i in range(100):
    if(i%10):
        continue
    sum+=1
print("sum={}".format(sum))
```

三、编程题

1. 请编程计算以下分段函数。

$$y = \begin{cases} x^3+1 & x<-1 \\ x^2-5x+2 & -1 \leqslant x \leqslant 1 \\ x^3-1 & x>1 \end{cases}$$

2. 某公司员工工资的计算方法如下。

（1）基本工资 3000 元，小时奖金按 20 元计算。

（2）工作时数超过 176 小时者，超过部分奖金标准提高 30%。

（3）工作时数低于 88 小时者，扣发基本工资，只发奖金。

请输入员工的工号和工作时数，计算并输出应发工资。

3. 请编程输出不大于 *n* 的所有不能被 7 整除但能被 3 整除的自然数，其中 *n* 从键盘输入。

4. 请检索银行当前 1 年定期和 5 年定期存款的利率。假定现存入 10000 元，存款到期后立即将利息与本金一起再存入。请编写程序计算按照每次存 1 年和按照每次存 5 年，共存 20 年，两种存款方式的得款总额。

5. 费马大定理：n 为正整数，当 $n>2$ 时，不存在正整数 a、b、c 使 $a^n+b^n=c^n$ 成立。请定义一个函数 check_fermat(a,b,c,n)，当上述等式成立时输出 "Fermat is wrong!"，否则输出 "Fermat is right!"，并设计主函数测试该函数。

6. 假设一元钱买一瓶水，3 个空瓶可以换一瓶水。若初始有 n 元钱，则最终可以喝几瓶水？请编程计算。

7. 哥德巴赫猜想：任何一个大于 6 的偶数可以分解为两个素数之和。请编程验证。

8. 如果一个数恰好等于它的因子之和，则这个数称为完全数，如 6 = 1+2+3。编程输出 1000 以内的所有完全数。

9. 请编程判断一个列表中有无重复元素。

10. 请编程，输出以下图案（要求使用循环实现）。

11. 编写程序，通过下式求 e 的值，精度为 10^{-6}。

$$e = 1 + \frac{1}{1!} + \frac{1}{2!} + \frac{1}{3!} + \cdots$$

12. 一个弹力球从高度 h 下落后回弹的高度为 $0.6h$，请输入一个初始高度及允许续弹的次数，输出该球运动的总距离（最后一次回弹到最高点结束）。

13. 一个整数加上 100 后是一个完全平方数，再加上 268 后又是一个完全平方数，请问 10000 以内满足该条件的数有哪些？

14. 古典问题：有一对兔子，从出生后第 3 个月起每个月都生一对兔子，小兔子长到第 3 个月后每个月又生一对兔子，假如兔子都不死，问每个月的兔子总数为多少？

15. 求 $s=a+aa+aaa+aaaa+aa\cdots a$ 的值，其中 a 是一个数字。例如，2+22+222+2222+22222（此时共有 5 个数相加），几个数相加由键盘控制。

16. 编写程序，生成 1000 个 0~100 的随机整数，并统计每个元素出现的次数。

17. 编写程序，生成包含 20 个随机数的列表，然后将前 10 个元素升序排列，后 10 个元素降序排列，并输出结果。

18. 编写程序，生成一个包含 20 个随机整数的列表，然后对其中偶数下标的元素进行降序排列，奇数下标的元素不变（提示：使用切片）。

19. 使用给定的整数 *n*，编写一个程序生成一个包含（*i*:*i* × *i*）的字典，然后输出字典。

假设向程序提供以下输入：8。

则输出：{1:1，2:4，3:9，4:16，5:25，6:36，7:49，8:64}。

20. 编写一个程序，接收逗号分隔的单词序列作为输入，按字母顺序排序后按逗号分隔的序列输出单词。假设向程序提供以下输入：

```
without,hello,bag,world
```

则输出如下：

```
bag,hello,without,world
```

21. 编写一个程序，接收一系列空格分隔的单词作为输入，在删除所有重复的单词并按字母顺序排序后输出这些单词。

假设向程序提供以下输入：

```
hello world and practice makes perfect and hello world again
```

则输出如下：

```
again and hello makes perfect practice world
```

22. 编写一个程序，接收一系列逗号分隔的 4 位二进制数作为输入，然后检查它们是否可被 5 整除。可被 5 整除的数将以原顺序输出。

例如：

```
0100,0011,1010,1001
```

则输出如下：

```
1010
```

23. 编写一个接收句子并统计字母和数字个数的程序。假设为程序提供了以下输入：

```
Hello world! 123
```

则输出如下：

```
字母 10
数字 3
```

24. 编写一个程序来统计输入的单词的频率。按字母顺序排序后输出。

假设为程序提供了以下输入：

```
New to Python or choosing between Python 2 and Python 3? Read Python 2 or Python 3.
```

则输出如下：

```
2:2
3.:1
3?:1
```

```
New:1
Python:5
Read:1
and:1
between:1
choosing:1
or:2
to:1
```

25. 输出如下数列在 1000000 以内的值： $k(0)=1, k(1)=2, k(n)=k(n-1)^2+k(n-2)^2$，以逗号分隔。其中，$k(n)$ 表示数列。

26. 请编程将十进制数转换为二进制数。

27. 输入一个整数，求其逆序数。

04

第 4 章　序列数据

本章主要介绍 Python 的序列数据。序列数据可以简单理解为用一组连续的内存空间来存放多个值，大多数的程序设计语言提供了类似的数据结构，主要包含列表、元组、字典、集合和字符串等形式。其中，字典和集合是无序序列，列表、元组和字符串是有序序列，它们均支持通过双向索引（下标）的方式来访问元素。支持负整数作为索引是 Python 的一个特色，这可以有效地提高编程效率。

序列中每个元素的位置编号称为索引。Python 规定，若序列共有 n 个元素，则第一个元素的索引值为 0，第二个元素的索引值为 1，以此类推，最后一个元素的索引值为 n-1；也可以从最后一个元素往前索引，最后一个元素的索引值为-1，倒数第二个元素的索引值为-2，以此类推，第一个元素的索引值为-n。通过索引获取序列元素值的格式如下。

> 序列名[索引]

本章主要介绍列表、元组、字典和集合 4 种序列结构，字符串将在第 5 章中进行介绍。

通过序列数据访问、切片、运算等应用，提示我们在解决实际问题时，要学会联系实际、发现规律。

本章重点

- 列表的创建和使用方法
- 元组的创建和使用方法
- 字典的创建和使用方法
- 集合的创建和使用方法

学习目标

- 了解序列的基本概念
- 掌握序列的索引方法
- 掌握列表、元组、字典和集合的创建和使用方法

4.1　列表

列表是 Python 中最基本的序列结构，类似其他语言中的数组。一个列表中元素的类型可以各不相同，所有元素放在一对中括号[ ]中，元素之间用逗号分隔，如[1,2,3,'abc',4]。

列表

4.1.1　列表的基本操作

（1）创建列表

可以用列表常量或 list()、range()等函数来创建列表，如下所示。

```
>>> list1=[1,2,3]
 [1, 2, 3]

>>> list2=list()
 []

>>> list3=list(('A','BC',3))
 ['A', 'BC', 3]

>>> list3[1][0]                  #用两个位置信息索引子列表包含的对象
'B'

>>> list4=list("中国欢迎您! ")
 ['中', '国', '欢', '迎', '您', '! ']

>>> list5=list(range(1,4))    #利用 range()函数创建一个列表
 [1, 2, 3]

>>> list6=[1,2,['A','B'],3]    #列表中可以嵌套列表
 [1, 2, ['A', 'B'], 3]
```

（2）求列表的长度

可以利用内置函数 len()求列表的长度，如下所示。

```
>>> len(list1)
3
```

（3）更新列表

可以通过赋值的方式更新列表中元素的值，如下所示。

```
>>> list1[1]=4                #将列表 list1 中的第 2 个元素更新为 4
>>> list1
[1, 4, 3]
```

（4）删除元素或列表

可以用 del 语句来删除元素或列表，如下所示。

```
>>> list1=[1,2,3,4]
>>> del list1[0]        #将列表 list1 中的第 1 个元素删除
>>> list1
[2, 3, 4]


>>> del list1[:]        #清空列表 list1
>>> list1
[]
```

说明：由于 Python 采用数据引用机制，del 删除的是变量，而不是数据，举例如下。

```
list=[1,2,3,4,5]  #列表本身不包含数据 1、2、3、4、5，而是包含变量 list[0]~list[4]
first=list[0]     #复制列表，也不会有数据对象的复制，而是创建新的变量引用
del list[0]       #删除 list[0]对常量 1 的引用
print(list)       #输出[2, 3, 4, 5]
print(first)      #输出 1，表明 first 对 1 的引用不受影响
```

（5）合并列表

可以用加法运算将两个列表合并，如下所示。

```
>>> list1=[1,2]
>>> list2=[3,4]
>>> list3=list1+list2
[1, 2, 3, 4]
```

（6）列表的乘法

可以用乘法运算创建具有重复值的列表，如下所示。

```
>>> list1=[1,2]
>>> list2=list1*3
[1, 2, 1, 2, 1, 2]
```

（7）列表的分片

可以通过指定范围索引对列表进行分片取值，如下所示。

```
>>> list1=[1,2,['A','B'],3,4,5]
>>> list2=list1[1:3]        #将表 list1 中的第 2 和第 3 个元素取出来
[2, ['A', 'B']]


>>> list1[3:4]=[]           #将表 list1 中的第 4 个元素用空值覆盖，即删除。注意范围不包括下标 4
>>> list1
[1, 2, ['A', 'B'], 4, 5]
```

4.1.2 列表的方法

可以采用面向对象的方式调用列表的方法，如列表对象.方法（参数）。

（1）检索元素

使用列表的 index()方法获取指定元素在列表中首次出现的位置，语法格式为 index(value [,start[,end]])，其中 start 和 end 用于限定搜索范围，如下所示。

```
>>> list1=[1,2,['A','B'],3,4,5]
>>> list1.index(3)
3

>>> list1.index(2,3,5)
Traceback (most recent call last):
  File "<pyshell#51>", line 1, in <module>
    list1.index(2,3,5)
ValueError: 2 is not in list        #在指定范围内没有检索到元素
```

（2）统计元素出现的次数

使用 count()方法统计元素出现的次数，如下所示。

```
>>> list1.count(4)
1
```

（3）在表尾添加新元素

使用 append()方法在表尾添加新元素，如下所示。

```
>>> list1.append(6)        #在表尾添加了新元素 6
 [1, 2, ['A', 'B'], 3, 4, 5, 6]
```

（4）在表中插入新元素

使用 insert()方法在表中插入新元素，语法格式为 insert(index,obj)，如下所示。

```
>>> list1=[1,2,['A','B'],3,4,5]
>>> list1.insert(2,6)      #在表 list1 的索引 2 处插入新元素 6
 [1, 2, 6, ['A', 'B'], 3, 4, 5]
```

（5）合并两个列表

使用 extend()方法合并两个列表，语法格式为 list.extend(seq)，新列表 seq 连接到列表 list 后，如下所示。

```
>>> list=[1,2,3]
>>> seq=[4,5,"abc"]
>>> list.extend(seq)
 [1, 2, 3, 4, 5, 'abc']
```

（6）移除并返回元素

pop()方法用于移除列表中的一个元素（默认最后一个元素），并且返回该元素的值。其语法格式为 list.pop([index])，如下所示。

```
>>> list=[1,2,3]
>>> list.append(list.pop(0))  #移除列表中的第一个元素，并作为新元素添加到列表最后
>>> list
```

```
[2, 3, 1]
```

（7）移除第一个被匹配的元素

移除列表中某个值的第一个匹配项，语法格式为 list.remove(obj)，如下所示。

```
>>> list1=[1,2,3,2,4,5]
>>> list1.remove(2)
>>> list1
[1, 3, 2, 4, 5]
```

（8）列表逆置

将列表中的全部元素逆置保存，语法格式为 list.reverse()，如下所示。

```
>>> list1=[1,2,3,4,5]
>>> list1.reverse()
 [5, 4, 3, 2, 1]
```

（9）列表排序

对列表进行排序，并覆盖原来的列表，语法格式为 list.sort([reverse=True])，默认为升序，参数 reserve=True 时为降序，如下所示。

```
>>> list=[2,1,5,3,4]
>>> list.sort()
 [1, 2, 3, 4, 5]

>>> list.sort(reverse=True)
 [5, 4, 3, 2, 1]
```

说明：若采用内置函数 sorted()进行排序，则不改变原列表的次序，可以将排序结果赋给新表。其语法格式为 sorted(list)，如下所示。

```
>>> list1=[2,1,5,3,4]
>>> list2=sorted(list1)
>>> list2
[1, 2, 3, 4, 5]

>>> list1
[2, 1, 5, 3, 4]

>>> list2=sorted(list1,reverse=True)
[5, 4, 3, 2, 1]
```

（10）清空列表

可以使用 clear()方法清空列表中的元素，如下所示。

```
>>> list=[1,2,"abc"]
 [1, 2, 'abc']

>>> list.clear()
>>> list
 []
```

4.1.3 列表的应用

【例 4-1】随机产生 20 个 50 以内的整数，找出其中的最大数及其位置。

分析：Python 中的 random.randint(a,b)函数用于生成一个指定范围内的整数。其中参数 a 是下限，参数 b 是上限。生成的随机数 n 满足 $a \leqslant n \leqslant b$。内置函数 max()用于求列表的最大值，index()方法用于检索值在列表中的位置。参考程序如下：

```
#exp4-1.py
import random
print("20 个随机数为：");
a=[];
for i in range(0,20):
      a.append(random.randint(0,50))        #将随机数添加到列表中
for i in range(0,20):
        if(i%10==0 and i!=0):print("")  #控制每行输出 10 个数
        print("%5d"%a[i],end='')
print("")
print("最大数为:%d, 位置为第%d"%(max(a),a.index(max(a))+1))
```

运行结果：

```
20 个随机数为：
   41    3    8   37   17   41    2    6    6   15
   30    5    0   39    3   37    1    7   42   22
最大数为:42, 位置为第 19 个
```

【例 4-2】有 10 个员工工资存放在列表中，请输出工资低于平均工资的员工清单。

分析：可以利用内置函数 sum()先求列表的和，然后求平均值，最后搜索列表中低于平均工资的员工。参考程序如下：

```
#exp4-2.py
salary=[5560,4862,6625,7784,6009,4573,5800,6154,7122,6955]
ave=sum(salary)/10
print("平均员工工资为%.2f"%ave)
print("低于平均工资的员工为：")
for i in range(0,10):
      if(salary[i]<ave):
            print("  第%d 个员工工资为%d"%(i+1,salary[i]))
```

运行结果：

```
平均员工工资为 6144.40
低于平均工资的员工为：
  第 1 个员工工资为 5560
  第 2 个员工工资为 4862
  第 5 个员工工资为 6009
  第 6 个员工工资为 4573
  第 7 个员工工资为 5800
```

4.2　元组

元组

在 Python 中，元组可以看成不可变的列表，元组一旦创建，使用任何方法均不能修改其元素的值，也不能增加或删除元素。元组常用圆括号表示，如（1,2,3）、（'C', 'Python','Java'）。

4.2.1　元组的基本操作

（1）创建与删除元组

可以用赋值常量或 tuple()函数创建元组，如下所示。

```
>>> a=(1,)    #创建只含一个元素的元组时，需要以逗号结尾，多个元素时不需要
>>> a
(1,)

>>> b=tuple((1,2,3))
>>> b
(1, 2, 3)

>>> print(tuple('Python'))
('P', 'y', 't', 'h', 'o', 'n')

>>> del  b    #使用 del 命令删除整个元组对象
```

（2）读取元组中的元素值

通过下标索引即可读取元素中不同的元素值，语法格式为元组名[索引]，如下所示。

```
>>> a=('C', 'Python','Java')
>>> a[1]
'Python'

>>> a[1][0]
'P'
```

（3）元组切片

同列表类似，元组切片的语法格式为元组名[start:end]。取指定范围内（不包括 end）的元素形成新的元组，如下所示。

```
>>> a=tuple('Python')
>>> a
('P', 'y', 't', 'h', 'o', 'n')

>>> b=a[2:5]
>>> b
('t', 'h', 'o')
```

（4）求元素的长度

```
>>> len((1,2,3))
```

3

（5）合并元组

可以用加法运算合并多个元组，还可以用乘法运算符（*）重复多个元组，如下所示。

```
>>> a=(1,2,3)
>>> b=(4,5,6)
>>> c=a+b
>>> c
(1, 2, 3, 4, 5, 6)

>>> d=a*2
>>> d
(1, 2, 3, 1, 2, 3)
```

（6）成员判断

可以用 in 操作符判断对象是否属于元组，如下所示。

```
>>> a=(1,2,3)
>>> 2 in a
True
```

4.2.2　元组的方法

可以采用面向对象的方式调用元组的方法，如元组.方法(参数)。

（1）元素检索

使用元组对象的 index()方法可以获取指定元素在元组中首次出现的下标。其语法格式为元组.index(value,[,start[,end]])，如下所示。

```
>>> a=(1, 2, 3, 1, 2, 3)
>>> a.index(2)
1
```

（2）元素统计

使用元组对象的 count()方法统计指定元素在元组中出现的次数，如下所示。

```
>>> a.count(3)
2
```

4.2.3　元组与列表的区别

（1）元组是一个不可变的序列，列表是可变序列。

（2）两者在操作上有很多相似的地方，如索引、检索、切片、合并、重复、统计等，但元组没有 append()、insert()、extend()、remove()、pop()等方法。

（3）元组的速度比列表快，若创建序列主要用于检索或类似用途，则建议使用元组；若可能涉及序列的修改，则需用列表。

（4）因为是不可变序列，所以元组可以作为字典的键，而列表不可以。

（5）元组和列表可以相互转换。通过内置函数 list()，可以将一个元组转换成列表；通过内置函数 tuple()，可以将一个列表转换成元组，如下所示。

```
>>> a=(1, 2, 3, 1, 2, 3)
>>> b=list(a)
>>> b
[1, 2, 3, 1, 2, 3]

>>> c=tuple(b)
>>> c
(1, 2, 3, 1, 2, 3)
```

元组与列表的操作规律告诉我们，任何事务都有其内部规律，我们在做好了解的前提下，更多的是要遵守这些规律，这样才能设计好程序，解决好问题，才会真正提高自己的专业素养。

4.3　字典

字典

字典是 Python 中唯一的映射类型，每个成员由"键:值"对的形式组成，所有成员由一对大括号"{"和"}"括起来，相邻成员用逗号分隔。其定义形式如下。

```
dictionary-name={key1:value1,key2:value2,…,keyn:valueN}
```

举例如下：

```
>>> student={"Zhang":20,"Li":18,"Wang":22,"Zhao":19}
```

其中，一个键只能对应一个值，多个键可以对应相同的值。字典是可变数据类型，可以存储任意类型的对象，支持对成员的增、删、改等操作。字典可以嵌套，即键映射的值可以是一个字典。字典与列表相比，最大的不同在于字典是无序的，在字典中可以通过键值来访问成员，但不能通过其位置来访问。

4.3.1　字典的基本操作

（1）创建字典

① 通过赋值的方式创建字典。

```
>>> dict1={}
>>> dict1["name"]="Tom"
>>> dict1["age"]=20
>>> dict1["address"]="maanshan"
>>> dict1
{'name': 'Tom', 'age': 20, 'address': 'maanshan'}
```

② 通过内置函数创建字典。

内置函数 dict() 可以通过已有数据快速创建字典，如下所示。

```
>>> dict2=dict([(1,'a'),(2,'b'),(3,'c')])
>>> dict2
{1: 'a', 2: 'b', 3: 'c'}

>>> dict3=dict(a=1,b=2,c=3)
>>> dict3
{'a': 1, 'b': 2, 'c': 3}
```

内置函数 fromkeys()也可以创建字典，如下所示。

```
>>> dict4={}.fromkeys(['name','age','addr'])    #给定了键的内容，但值的内容为空
>>> dict4
{'name': None, 'age': None, 'addr': None}

>>> dict4['name']='John'
>>> dict4
{'name': 'John', 'age': None, 'addr': None}
```

（2）添加与修改字典中的元素

字典是一种动态结构，可以随时向字典中添加键值对。当以"键"为下标对字典元素赋值时，若该"键"不存在，则表示添加一个新元素；若该"键"存在，则表示修改该"键"的值，如下所示。

```
>>> dict5={'语文':90, '数学':80, '英语':85}
>>> dict5
{'语文': 90, '数学': 80, '英语': 85}

>>> dict5['政治']=78        #添加
>>> dict5
{'语文': 90, '数学': 80, '英语': 85, '政治': 78}

>>> dict5['数学']=88
>>> dict5                      #修改
{'语文': 90, '数学': 88, '英语': 85, '政治': 78}
```

（3）删除成员

可以通过 del 命令删除字典中的元素甚至字典，如下所示。

```
>>> del dict5['政治']       #删除元素
>>> dict5
{'语文': 90, '数学': 88, '英语': 85}

>>> del dict5                   #删除字典
>>> dict5
Traceback (most recent call last):
  File "<pyshell#43>", line 1, in <module>
    dict5
NameError: name 'dict5' is not defined
```

（4）遍历字典

在 Python 应用程序中，字典中可能包含大量的键值对，需要使用各种方法遍历字典信息。此时需要用到循环程序设计，这里仅提供几个示例。

【例 4-3】遍历并输出字典中的所有键值对。

分析：利用循环语句和字典的 items()方法来实现，格式为字典名.items()。

参考程序如下：

```
#exp4-3.py
dict1={'name': 'Tom','telephone':'13905551234','address': 'maanshan'}
for key,value in dict1.items():
    print("Key:%-10s Value:%-10s"%(key,value))
```

运行结果：

```
Key:name        Value:Tom
Key:telephone   Value:13905551234
Key:address     Value:maanshan
```

【例 4-4】遍历并输出字典中的所有键。

分析：利用字典的 keys()方法来实现，格式为字典名.keys()。

参考程序如下：

```
#exp4-4.py
dict1={'name': 'Tom','telephone':'13905551234','address': 'maanshan'}
for key in dict1.keys():
        print("Key:%-10s "%key .title())   #使用title()方法可以取出字符串的标题
```

运行结果：

```
Key:name
Key:telephone
Key:address
```

【例 4-5】输出字典中的所有值。

分析：可以使用字典的内置方法 values()返回字典中的所有值，不考虑重复的值。

参考代码如下：

```
#exp4-5.py
dict1={'name': 'Tom','telephone':'13905551234','address': 'maanshan'}
print("字典中的所有值为: ",list(dict1.values()))
```

运行结果：

```
字典中的所有值为: ['Tom', '13905551234', 'maanshan']
```

4.3.2　字典的方法

（1）获取指定键对应的值

可以使用字典的 get()方法获取指定键对应的值，格式为字典名.get(key,default=None)。其中，key

表示要查找的键，default 表示当指定键不在时返回的值，若找到则返回 key 对应的值。例如：

```
>>> dict1={'name': 'Tom','telephone':'13905551234','address': 'maanshan'}
>>> dict1.get('address')
'maanshan'

>>> print(dict1.get('age'))   #键不存在时返回 None
None
```

Python 还提供了 setdefault()方法，其作用与 get()方法类似，可以返回指定键的值。不同的是，当指定键不存在时，该方法会将该指定键（和指定值）添加到字典中，如下所示。

```
>>> dict1={'name': 'Tom','telephone':'13905551234','address': 'maanshan'}
>>> dict1.setdefault('sex','male')
>>> dict1
{'name': 'Tom', 'telephone': '13905551234', 'address': 'maanshan', 'sex': 'male'}
```

（2）清空字典

使用 clear()方法可以删除字典中的所有元素，使其变成一个空字典，如下所示。

```
>>> dict1={'A':1 ,'B':2,'C':3}
>>> dict1.clear()
>>> len(dict1)
0
```

（3）复制字典

字典的 copy()方法可以返回一个具有相同键值对的新字典，由于这种方式只复制父对象，不复制内部的子对象，故称为浅复制，如下所示。

```
>>> dict1={'name': 'Tom','telephone':'13905551234','sex': ['男','女']}
>>> dict2=dict1                    #直接赋值就是字典的引用
>>> dict3=dict1.copy()            #浅复制
>>> dict1['name']='John'          #修改父类对象对 dict3 没有影响
>>> dict1['sex'].remove('女')      #删除子对象的值对 dict3 有影响
>>> dict2,dict3
({'name': 'John', 'telephone': '13905551234', 'sex': ['男']}, {'name': 'Tom',
'telephone': '13905551234', 'sex': ['男']})
```

若需要完全复制父对象及其子对象，则需要引入 copy 模块实现深复制，如下所示。

```
>>> import copy
>>> dict1={'a':[1,2,3]}
>>> dict2=copy.deepcopy(dict1)
>>> dict1['a'].append(4)
>>> dict1,dict2  #两个字典完全独立
({'a': [1, 2, 3, 4]}, {'a': [1, 2, 3]})
```

（4）更新字典

update()方法可以将一个字典的键值对更新到指定字典中，若指定字典中没有相同项，则将该键

值对添加到指定字典中，如下所示。

```
>>> dict1={'name': 'Tom','telephone':'13905551234','sex': ['男','女']}
>>> dict2={'name':'John'}
>>> dict1.update(dict2)
>>> dict1
{'name': 'John', 'telephone': '13905551234', 'sex': ['男', '女']}

>>> dict3={'age':20}
>>> dict1.update(dict3)
>>> dict1
{'name': 'John', 'telephone': '13905551234', 'sex': ['男', '女'], 'age': 20}
```

4.4 集合

集合

在 Python 中，集合是一个无序的不重复元素的序列。集合有两种类型：可变集合和不可变集合。可变集合可以对集合中的元素进行添加和删除操作，而不可变集合则不能改变元素的值。集合常用于成员测试和重复条目删除，也支持并、交、差等数学集合运算。

4.4.1 集合的创建

（1）可变集合的创建

可通过一对大括号 "{ }" 将不同的元素括起来以创建可变集合，元素之间用逗号分隔；也可以通过内置函数 set() 来创建可变集合，此时函数 set() 的参数是一个列表，如下所示。

```
>>> a_set={'Tom','Jack','Mary','John'}
>>> a_set
{'Mary', 'John', 'Tom', 'Jack'}

>>> b_set=set()              #创建空集合时只能用 set() 函数，{} 是创建空字典
>>> b_set
set()

>>> c_set=set([1,2,3,1])     #用列表来构造
>>> c_set
{1, 2, 3}                    #有重复元素时，只接收一个

>>> d_set=set('ABCD')        #字符串作为参数创建时，创建的是一个单字符多元素的集合
>>> d_set
{'D', 'C', 'B', 'A'}

>>> e_set={s for s in [1,2,3,1]}  #这是一种集合解析构造方法
>>> e_set
{1, 2, 3}
```

```
>>> f_set={s*2 for s in 'ABC'}
>>> f_set
{'AA', 'CC', 'BB'}
```

（2）不可变集合的创建

只能使用内置函数 frozenset()实现不可变集合的创建，如下所示。

```
>>> g_set=frozenset(['赵','钱','孙','李'])
>>> g_set
frozenset({'赵', '李', '钱', '孙'})   #本集合不能增加和删除元素
```

4.4.2 集合的基本操作

（1）集合的访问

由于集合是一个无序序列，所以不能通过索引的方式来访问元素，只能通过遍历来访问所有元素。以 4.4.1 节创建的集合为例：

```
>>> for s in a_set:print(s)
Mary
John
Tom
Jack
```

（2）可变集合元素的添加

可以通过 add()方法添加一个元素，通过 update()方法一次性添加多个元素，如下所示。

```
>>> a_set={'Mary', 'John', 'Tom', 'Jack'}
>>> a_set.add('Alice')
>>> a_set
{'Tom', 'Alice', 'Jack', 'Mary', 'John'}

>>> b_set={'Jim','Rube'}
>>> a_set.update(b_set)
>>> a_set
{'Tom', 'Jim', 'Alice', 'Jack', 'Mary', 'John', 'Rube'}
```

由于集合元素是不可改变的，所以不能将可变对象添加到集合中，集合、列表、字典等对象均不能加入集合，但元组可以作为一个元素加入集合。若想修改集合中的元素，则可以采用先删除再添加的策略，如下所示。

```
>>> a_set.add([1,2])                #不可以加入列表
Traceback (most recent call last):
  File "<pyshell#39>", line 1, in <module>
    a_set.add([1,2])
TypeError: unhashable type: 'list'

>>> a_set.add({'name':'Zhang'})        #不可以加入字典
Traceback (most recent call last):
  File "<pyshell#40>", line 1, in <module>
```

```
      a_set.add({'name':'Zhang'})
TypeError: unhashable type: 'dict'

>>> a_set.add((1,2,3))          #可以加入元组
>>> a_set
{'Tom', 'Jim', 'Alice', (1, 2, 3), 'Jack', 'Mary', 'John', 'Rube'}
```

（3）可变集合元素的删除

可以通过 remove()方法、pop()方法、discard()方法和 clear()方法实现元素的删除。其中，pop()方法会删除集合中的第一个元素并返回，clear()方法会删除集合中的所有元素；当要删除的元素不存在时，remove()方法会抛出异常，而 discard()方法不会抛出异常，如下所示。

```
>>> a_set.remove('Alice')
>>> a_set
{'Tom', 'Jim', (1, 2, 3), 'Jack', 'Mary', 'John', 'Rube'}

>>> a_set.remove('Kite')       #抛出异常
Traceback (most recent call last):
  File "<pyshell#46>", line 1, in <module>
     a_set.remove('Kite')
KeyError: 'Kite'

>>> a_set.discard('Kite')      #无任何提示
>>> a_set.pop()
'Tom'

>>> a_set
{'Jim', (1, 2, 3), 'Jack', 'Mary', 'John', 'Rube'}
```

（4）集合的常规操作

集合对象支持并、交、差、包含等数学集合运算，如下所示。

```
>>> a_set={1,2,3,5,7,8}
>>> b_set={2,4,6,9}
>>> a_set | b_set    #求两个集合的并集
{1, 2, 3, 4, 5, 6, 7, 8, 9}

>>> a_set & b_set    #求两个集合的交集
{2}

>>> a_set-b_set      #求两个集合的差集
{1, 3, 5, 7, 8}

>>> 3 in a_set       #判断指定元素是否包含在集合中
True

>>> len(a_set)       #求集合中元素的个数
6
```

（5）类型转换

可以通过内置函数 list() 和 tuple() 将集合分别转换成列表和元组，如下所示。

```
>>> a_set={1,2,3,5,7,8}
>>> list(a_set)
[1, 2, 3, 5, 7, 8]

>>> tuple(a_set)
(1, 2, 3, 5, 7, 8)
```

本章小结

　　本章主要介绍了列表、元组、字典和集合 4 种序列结构，重点介绍了每种结构的概念、创建和使用方法。其中，列表和元组可以通过双向索引方式访问元素。列表用方括号将元素括起来，是可变序列；元组用圆括号将元素括起来，是不可变序列。字典是 Python 中的唯一映射类型，由大括号括起键值对组成的元素，是可变、无序的数据类型。集合是一种不重复的无序元素集，有可变与不可变集合之分，可变集合可以对元素进行添加和删除，集合元素均是不可改变的。

　　Python 语言的序列数据相比其他高级语言要丰富很多，为我们程序设计带来方便的同时，也一定程度增加了我们掌握的难度。为此，我们要正确看待这一现象，并做好思想上的困难准备。这个过程也正是当代大学生需要提高的方面，立志报国就要克服一切困难。

习题

一、选择题

1. 关于列表，下列描述不正确的是（　　　　）。

　　A. 元素类型可以不同　　　　　　　　　　B. 长度没有限制

　　C. 必须按顺序插入元素　　　　　　　　　　D. 支持 in 运算符

2. 下列方法中，不属于列表的是（　　　　）。

　　A. count()　　　　　　B. sort()　　　　　　C. find()　　　　　　D. index()

3. 下列代码的输出结果是（　　　　）。

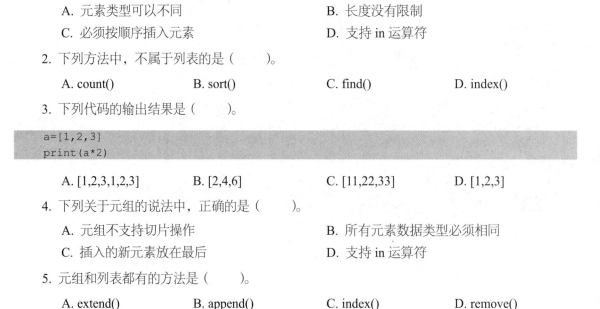

```
a=[1,2,3]
print(a*2)
```

　　A. [1,2,3,1,2,3]　　　　B. [2,4,6]　　　　　C. [11,22,33]　　　　D. [1,2,3]

4. 下列关于元组的说法中，正确的是（　　　　）。

　　A. 元组不支持切片操作　　　　　　　　　　B. 所有元素数据类型必须相同

　　C. 插入的新元素放在最后　　　　　　　　　D. 支持 in 运算符

5. 元组和列表都有的方法是（　　　　）。

　　A. extend()　　　　　　B. append()　　　　　C. index()　　　　　D. remove()

6. 下列语句中，不能创建一个字典的是（   ）。

    A. {}
                B. dict(zip(['a','b','c'],[1,2,3]))

    C. dict([(1,2),(3,4),(5,6)])
        D. {1,2,3}

7. 下列代码中，能正确输出['a', 'e', 'l', 'r']的是（   ）。

```
①>>> L2=['r','e','a','l']
 >>> L2.sort()
 >>> print(L2)
②>>> t1=('r','e','a','l')
 >>> t1.sort()
 >>> print(t1)
③>>> L2=['r','e','a','l']
 >>> sorted(L2)
④>>> t1=['r','e','a','l']
 >>> sorted(t1)
```

    A. ①③④
         B. ②③
         C. ①②③④
         D. ①②③

8. A 和 B 是两个集合，对 A&B 的描述中正确的是（   ）。

    A. A 和 B 的并运算，包括两个集合的所有元素

    B. A 和 B 的差运算，包括在集合 A 中但不在集合 B 中的元素

    C. A 和 B 的交运算，包括同时在集合 A 和集合 B 中的元素

    D. A 和 B 的补运算，包括集合 A 和集合 B 中的不相同元素

9. 对于序列 s，能够返回序列 s 中的第 i 到第 j 以 k 为步长的元素子序列的表达是（   ）。

    A. s[i,j,k]
       B. s[i;j;k]
       C. s[i:j:k]
       D. s(i,j,k)

10. 元组变量 t=("red","blue","pick","white")，t[::-1]的结果是（   ）。

    A. ("white","pick","blue","red")
        B. ["white","pick","blue","red"]

    C. {"white","pick","blue","red"}
        D. 运行出错

11. 给定字典 D，下列选项中对 D.items()的描述中正确的是（   ）。

    A. 返回一种 dict_items 类型，包括字典 D 中的所有键值对

    B. 返回一种列表类型，每个元素是一个二元元组，包括字典 D 中的所有键值对

    C. 返回一种元组类型，每个元素是一个二元元组，包括字典 D 中的所有键值对

    D. 返回一种集合类型，每个元素是一个二元元组，包括字典 D 中的所有键值对

12. 下列代码的输出结果是（   ）。

```
s=["red","blue","pink","white","black","yellow"
print(s[1:4:2])
```

    A. ['blue', 'white']
        B. ['blue', 'pink','white']

    C. ['blue', 'pink']
        D. ['blue', 'pink','white', 'black', 'yellow']

13. 针对下列代码：

```
s=list("Python 是当前最为流行的计算机程序设计语言")
```

下列选项中，能输出 s 中字符个数的是（　　）。

    A. print(s.count())   B. print(s.sum())   C. print(s.index())   D. print(len(s))

14. 针对下列代码：

```
DictColor={"black":"黑色","white":"白色","red":"红色","yellow":"黄色","pink":"粉色"}
```

下列选项中，能输出"红色"的是（　　）。

    A. print(DictColor['红色'])   B. print(DictColor['red'])

    C. print(DictColor.keys())   D. print(DictColor.values())

15. 下列代码的输出结果是（　　）。

```
list1=[i*2 for i in 'list']
```

    A. ['ll', 'ii', 'ss', 'tt']   B. [2,4,6,8]   C. list list   D. 错误

16. 下列代码的输出结果是（　　）。

```
list1=['a','b','c']
list2=[1,2,3]
print(list1+list2)
```

    A. ['a','b','c']   B. [1,2,3]   C. ['a','b','c',1,2,3]   D. ['b','d','f']

17. 下列代码的输出结果是（　　）。

```
list1=['red','green','blue']
s="_".join(list1)
```

    A. '_red_green_blue'   B. 'red_green_blue_'   C. 'red_green_blue'   D. '_red_green_blue_'

18. 下列代码的输出结果是（　　）。

```
list1=['A','B','C']
list2=[10,20,30]
D=dict(zip(list1,list2))
print(D)
```

    A. {'A': 10, 'B': 20, 'C': 30}   B. {10:'A', 20: 'B', 30:'C' }

    C. 抛出异常   D. 不确定

19. 关于映射类型，下列描述正确的是（　　）。

    A. 映射类型中的键值对是一种一元关系

    B. 键值对(key,value)在字典中的表示形式为<键 1>--<值 1>

    C. 字典类型可以直接通过值进行索引

    D. 映射类型是"键值"数据项的组合，每个元素是一个键值对，元素之间是无序的

20. 下列代码的输出结果是（　　　）。

```
list1=['A','B','C']
list2=list1
list2.clear()
print(list1)
```

A. ['A','B','C']　　　　　　　　B. 变量未定义的错误

C. []　　　　　　　　　　　　　D. 'A','B','C'

二、简答和操作题

1. 请写出生成一个[90, 100)随机整数的命令。

2. 设有列表 A=["name","age","sex"]，B=["Zhang",20,"Famale"]，请设计语句将这两个列表的内容转换成字典，列表 A 的内容作为"键"，列表 B 的内容作为"值"。

3. 已知列表 list1=['p','y','t','h','o','n']，请填空完成以下功能。

（1）求列表 list1 的长度：_____。

（2）输出列表中的第 2 个及其以后的元素：_____。

（3）增加一个元素'3'：_____。

（4）删除第 4 个元素：_____。

4. 按要求转换对象。

（1）将字符串 str='Programming'转换为列表：_____。

（2）将字符串 str='Programming'转换为元组：_____。

（3）将列表 list1=['p','y','t','h','o','n']转换为元组：_____。

（4）将元组 tup1=('p','y','t','h','o','n')转换为列表：_____。

5. 已知两个集合：s1={1,2,3,4,5,6}，s2={2,4,6}，请填空完成以下功能。

（1）判断 s2 是否为 s1 的子集：_____。

（2）求两个集合的交集：_____。

（3）求两个集合的并集：_____。

（4）求 s1 与 s2 的差集：_____。

6. 已知字典 D={"name":"Zhangsan","sex":"M","address":"Nanjing","phone":"123456"}，请设计代码分别实现以下功能。

（1）输出字典 D 中的所有键值对。

（2）输出字典 D 中的 phone 值。

（3）修改字典 D 中的 address 值为 Shanghai。

（4）添加键值对 age:20。

（5）删除字典 D 中的 sex 键值对。

7. 假设有一个列表 a，现要求从列表 a 中每 3 个元素取 1 个，并且将取到的元素组成新的列表 b。请设计代码实现该功能。

三、编程题

1. 编写程序，设计一个字典，用户输入的内容作为"键"，然后输出字典对应的"值"；若键不

存在，则输出提示信息"键不存在"。

2. 编写程序，生成含 10 个[0,100)随机整数列表，查找并输出列表中的最大元素和最小元素（可以使用 sort()方法）。

3. 设列表 a=[1,2,3,4,5,6,7,8,9,0]，请编程将列表中的元素依次后移一位，原来最后一位移到第一位，然后输出新的列表。

4. 一个整数列表，其中包括 1~1000 以内的整数 7 的倍数中除以 3 余数为 2 的数，请确定本列表中的元素并输出，每行输出 10 个数。

5. 对于一个整数列表，如果有一个切分位置使其前面的元素之和等于后面的元素之和，就称该位置是平衡点。请编写程序求列表的平衡点，不存在时给出提示。

6. 生成一个字典，其键是形式为 classi 的字符串，其中 i 为表示整数的十进制数字串，取值范围为 1~10，每个键对应的值为 i^2，如 class8:64。

7. 已知列表 list1=[56,75,43,82,74,63,90,88]，要求将列表中的值分成两组，60 及以上的值保存在字典的第一个键中，60 以下的值保存在字典的第二个键中，即 D={"k1":60 及以上的所有值,"k2":60 以下的所有值}。请编程实现该功能（程序控制结构可参考第 3 章中的相关内容）。

8. 生成 100 以内的素数并将其存放在列表 primes 中。

05

第 5 章　字符串与正则表达式

　　本章主要介绍 Python 中字符串的定义、创建和使用方法。Python 中的字符串是一个有序的字符序列，可以用单引号、双引号或三引号表示。字符串可以通过基本方法、内置函数或 str 类的方法进行包括元素读取、求串长、成员运算、串连接、串分片、串转换、串比较等操作。本章还将介绍正则表达式的概念、普通字符正则表达式、特殊字符正则表达式、re 模块的用法等。正则表达式描述了一种字符串匹配的模式，可以用来检查一个字符串是否含有某指定子串，将匹配的子串进行替换，或者从某字符串中取出符合条件的子串等。

　　正则表达式的应用，不仅会帮助我们提升思维能力和计算机技能，更重要的是会帮助我们正确理解社会主义核心价值观，进而形成正确的世界观、人生观和价值观。

本章重点

● 字符串的创建和基本操作
● 字符串的处理函数和处理方法
● 正则表达式的构造和使用方法
● re 模块的使用方法

学习目标

● 了解字符串的概念
● 掌握字符串的基本操作、处理函数和处理方法
● 掌握普通字符和特殊字符正则表达式的构造和使用方法
● 掌握 re 模块的使用方法

5.1 字符串

5.1.1 字符串的创建

字符串

Python 中的字符串是一个有序的字符序列，可以用单引号、双引号或三引号表示。其中，单引号和双引号均用来表示单行字符串。使用单引号时，双引号可以作为字符串的一部分；使用双引号时，单引号可以作为字符串的一部分；三引号可以表示单行或多行字符串。例如：

```
>>> print('ABC"DEF"GHI')
ABC"DEF"GHI

>>> print("ABC'DEF'GHI")
ABC'DEF'GHI

>>> print('''ABC'DEF'GHI
"JKL"
MN''')
ABC'DEF'GHI
"JKL"
MN
```

用赋值运算符 "=" 将一个字符串赋给变量即可创建字符串对象，如下所示。

```
>>> str="Python program!"
>>> str
'Python program!'

>>> s=str(123)          #用内置函数创建字符串对象
>>> s
'123'
```

5.1.2 字符串的基本操作

字符串中的基本操作包括读取元素、求字符串的长度、成员运算、串连接、串分片、串转换、串比较等。

1. 读取元素

可以通过索引直接访问字符串中的元素，格式为串名[索引]。其中，按从左到右的顺序，索引值依次为 0、1、2、…、len-1（len 为串长）；按从右到左的顺序，索引值依次为-1、-2、…、-len（len 为串长）。索引可以获得单个字符的值，但不能修改字符串，因为字符串对象是常量。例如：

```
>>> s="Python"
>>> s[0]
'P'

>>> s[-1]
```

```
'n'
```

2. 求字符串的长度

可以用内置函数 len() 求字符串的串长，如下所示。

```
>>> len(s)
6
```

3. 成员运算

可以用 in 操作符判断一个字符串是否包含在另一个字符串中，若是则返回 True，否则返回 False。not in 操作符逻辑与之相反。判断格式如下。

```
字符串1　[not]in　字符串2
```

示例如下：

```
>>> 'th' in 'Python'
True

>>> 'Th' in 'Python'
False

>>> 'Th' not in 'Python'
True
```

4. 串连接

Python 支持利用不同方法将多个字符串连接成一个新的字符串，如下所示。

```
>>> "ab""cd""ef"          #多个字符串写在一起可自动合并
'abcdef'

>>> 'ab' 'cd' 'ef'         #空格分隔的多个字符串可自动合并
'abcdef'

>>> "ab"+"cd"+"ef"         #加法运算可实现多个字符串的合并
'abcdef'

>>> '123'*3                #乘法运算可创建重复串形成的字符串
'123123123'
```

5. 串分片

串分片是指利用指定范围从字符串中获得字符串的子串，分片格式如下。

```
串名[start:end:step]
```

其中，start 表示子串的起始位置，end 表示子串的终止位置（不含 end 对应的字符），step 表示步长。start、end 和 step 均可省略，start 的默认值为 0，end 的默认值为串长，默认步长为 1。分片示例如下。

```
>>> s='Python'
>>> s[1:4]
'yth'

>>> s[2:]
'thon'

>>> s[:-1]      #除最后一个字符外，其他字符全部返回
'Pytho'
>>> s[:]
'Python'

>>> s[0:7:2]    #步长为2，所以取第1、3、5位置上的字符组成子串
'Pto'

>>> s[::-1]     #串逆置
'nohtyP'
```

6. 串转换

可以用内置函数 str()将数字转换成字符串，如下所示。

```
>>> str(5.14)
'5.14'
```

7. 串比较

字符串比较的依据是相应字符的 ASCII 码值大小，比较过程是并行地比较两个串中同一位置的字符，若相等则向前推进，直到分出大小或同时结束为止。关系成立返回 True，否则返回 False。例如：

```
>>> "abc">"abC"
True

>>> "abc">"abcd"
False

>>> ""<"0"
True
```

说明：空串（""）比任何串均小，因为其长度为 0。

5.1.3 字符串处理函数

Python 内置了一些与字符串处理相关的函数，如表 5-1 所示。

表 5-1　内置的字符串处理函数

函数	功能描述
len(s)	返回字符串、列表、字典、元组等的长度
str(s)	返回任意类型 s 的字符串形式
chr(x)	返回 Unicode 编码 x 对应的单字符

续表

函数	功能描述
ord(s)	返回单字符 s 对应的 Unicode 编码
hex(x)	返回整数 x 对应十六进制数的小写形式字符串
oct(x)	返回整数 x 对应八进制数的小写形式字符串

5.1.4　字符串处理方法

在 Python 解释器内部，字符串是 str 类对象，类中封装了很多字符串处理函数（在面向对象程序设计中，称为方法），可以通过"对象名.成员函数名()"的方式使用。Python 3.x 中，字符串类型共内置了 43 个处理方法，限于篇幅，这里仅介绍部分常用内置方法，如表 5-2 所示（str 表示字符串）。

表 5–2　常用的内置字符串处理方法

方法	功能描述
str.strip()	删除 str 中两端的空格后形成新串
str.lstrip()	删除 str 中左侧的空格后形成新串
str.rstrip()	删除 str 中右侧的空格后形成新串
str.strip([chars])	删除 str 两端参数 chars 对应的字符后形成新串
str.isalpha()	判断 str 中是否全是字母，返回逻辑值
str.isdigit()	判断 str 中是否全是数字，返回逻辑值
str.isupper()	判断 str 中是否全是大写字母，返回逻辑值
str.islower()	判断 str 中是否全是小写字母，返回逻辑值
str.lower()	将 str 中的字母全部转换成小写字母后形成新串
str.upper()	将 str 中的字母全部转换成大写字母后形成新串
str.swapcase()	将 str 中的大小写字母互换后形成新串
str.captialize()	将 str 中的第一个字母变成大写，其余字母变成小写，形成新串
str.find(substr,[start,[,end]])	定位子串 substr 在 str 中第一次出现的位置，start 和 end 用于限定定位的范围
str.replace(old,new,[,count])	用字符串 new 替换 str 中的 old，可选参数 count 表示被替换的子串个数
str.split([sep])	以 sep 为分隔符，将 str 分隔成一个列表，默认分隔符是空格
str.join(sequence)	将序列 sequence 中的元素以指定的字符（str）连接生成一个新的字符串
str.count(substr,[start,[,end]])	统计字符 str 中子串 substr 出现的次数，start 和 end 用于限定统计范围

5.1.5　format()方法

1. 基本语法

format()方法的基本语法是通过"{}"和":"来代替以前的"%"。

format()方法可以接收多个参数，位置可以不按顺序。

示例如下：

```
>>>"{} {}".format("hello", "world")          #不设置指定位置，按默认顺序
'hello world'

>>> "{0} {1}".format("hello", "world")       #设置指定位置
'hello world'

>>> "{1} {0} {1}".format("hello", "world")   #设置指定位置
'world hello world'
```

2. 设置参数

示例如下：

```
print("网站名: {name}, 地址 {url}".format(name="人邮教育社区", url="www.ryjiaoyu.com"))
  #通过字典设置参数
site = {"name": "人邮教育社区", "url": "www.ryjiaoyu.com"}
print("网站名: {name}, 地址 {url}".format(**site))
#通过列表索引设置参数
my_list = ['人邮教育社区', 'www.ryjiaoyu.com']
print("网站名: {0[0]}, 地址 {0[1]}".format(my_list))   #"0" 是必须的
```

上述代码的运行结果均相同，运行如下：

```
网站名: 人邮教育社区, 地址 www.ryjiaoyu.com
```

3. 向 str.format()中传入对象

示例如下：

```
class AssignValue(object):
    def __init__(self, value):
        self.value = value
my_value = AssignValue(6)
print('value 为: {0.value}'.format(my_value))   # "0" 是可选的
```

运行结果：

```
value 为: 6
```

4. 数字格式化

表 5-3 展示了部分数字格式化示例。

表 5-3　数字格式化示例

数字	格式	输出	描述
3.1415926	{:.2f}	3.14	保留小数点后两位
3.1415926	{:+.2f}	+3.14	带符号保留小数点后两位
−1	{:+.2f}	−1.00	带符号保留小数点后两位
2.71828	{:.0f}	3	不带小数（四舍五入）
5	{0>2d}	05	数字补零（填充左边，宽度为 2）
5	{:x<4d}	5xxx	数字补 x（填充右边，宽度为 4）
10	{:*<4d}	10**	数字补*（填充右边，宽度为 4）
1000000	{:,}	1,000,000	以逗号分隔的数字格式
0.25	{:.2%}	25.00%	百分比格式
1000000000	{:.2e}	1.00e+09	指数记法
13	{:10d}	13	右对齐（默认，宽度为 10）
13	{:<10d}	13	左对齐（宽度为 10）
13	{:^10d}	13	中间对齐（宽度为 10）

续表

数字	格式	输出	描述
11	'{:b}'.format(11)	1011	以不同形式输出
	'{:d}'.format(11)	11	
	'{:o}'.format(11)	13	
	'{:x}'.format(11)	b	
	'{:#x}'.format(11)	0xb	
	'{:#X}'.format(11)	0XB	

说明如下。

（1）^、<、>分别是居中、左对齐、右对齐，后面带宽度。

（2）:号后面带填充的字符，只能是一个字符，不指定则默认是用空格填充。

（3）+表示在正数前显示+，在负数前显示-。

（4）空格表示在正数前加空格。

（5）b、d、o、x 分别表示二进制、十进制、八进制、十六进制。

5. 使用大括号{}来转义大括号

示例如下：

```
>>> print ("{} 对应的位置是 {{0}}".format("Python"))
```

运行结果：

```
Python 对应的位置是 {0}
```

5.1.6　字符串应用实例

【例 5-1】从键盘输入一行字符，统计并输出其中英文字符（大小写分开）、数字和其他字符的个数。

分析：对输入的字符串，根据各字符的 ASCII 码判断其类型。数字 0~9 对应的 ASCII 码为 48~57，大写字母 A~Z 对应的 ASCII 码为 65~90，小写字母 a~z 对应的 ASCII 码为 97~122。

参考代码如下：

```
#exp5-1.py
str=input("请输入一行字符串: ")
n1=0 #大写字母的个数
n2=0 #小写字母的个数
n3=0 #数字的个数
n4=0 #其他字符的个数
for i in range(len(str)):
    if ord(str[i])in range(65,91):    #使用ord()函数将字符转换成对应的ASCII 码
        n1+=1
    elif ord(str[i])in range(97,123):
        n2+=1
    elif ord(str[i])in range(48,58):
        n3+=1
    else:
```

```
                n4+=1
print("大写字母的个数：%d"%n1)
print("小写字母的个数：%d"%n2)
print("数字的个数：%d"%n3)
print("其他字符的个数：%d"%n4)
```

运行结果：

```
请输入一行字符串：123abcDEF*&^
大写字母的个数：3
小写字母的个数：3
数字的个数：3
其他字符的个数：3
```

【例 5-2】统计一行字符串中英文单词的个数，设单词间由空格分隔。

分析：这里将连续的不含空格的字符串都当成单词，所以应先将字符串首尾的空格删除，然后从第一个非空格字符开始，至下一个空格前为第一个单词，再从下一个非空格字符开始统计第二个单词，以此类推。

参考代码如下：

```
#exp5-2.py
str=input("请输入一行字符串：")
n=0                #单词个数
str.strip()        #去掉两端多余的空格
In =0              #表示在单词外
for i in range(len(str)):
    if str[i]!=' ' and In==0:
        n+=1
        In=1 #表示在单词内
    elif str[i]==' ':
        In=0
print("单词个数：%d"%n)
```

运行结果：

```
请输入一行字符串： apple grape orange pear
单词个数：4
```

5.2 正则表达式

正则表达式又称正规表达式，英文名为 Regular Expression，经常简写为 Regex、RegExp 或 RE，它是计算机科学中的一个概念。正则表达式使用单个字符串来描述、匹配一系列符合某个句法规则的字符串。在很多文本编辑器中，正则表达式通常被用来检索、替换那些匹配某个模式的文本。许多程序设计语言支持利用正则表达式进行

正则表达式

字符串操作。简言之，正则表达式是一个特殊的字符序列，它能帮助程序员方便地检查一个字符串是否与某种模式匹配。

这里可以用 Windows 或 Linux 操作系统中搜索文件时用到的通配符 "？" 和 "*" 来帮助理解。这两个通配符在操作系统中常用来查找文件，其中 "？" 能够匹配文件名的单个字符，而 "*" 可以匹配文件名的零个或多个字符。例如，输入 "file?.doc" 的搜索模式，将会查找到以下文件 file1.doc、file2.doc、file3.doc。如果使用 "*" 字符代替 "？" 字符，就会增加找到的文件数量。例如，输入 "file*.doc"，则会找到以下示例文件 file.doc、file1.doc、file2.doc、file12.doc、filexyz.doc。

5.2.1　正则表达式的使用

为了便于验证正则表达式的作用，先介绍利用 re 模块的内置函数来处理正则表达，re 模块的详细内容将在 5.2.5 节中进行介绍。具体用法参见例 5-3。

【例 5-3】在一行字符串中匹配指定子串内容。

分析：通过普通字符、非打印字符、特殊字符等构建正则表达式，然后通过 re 模块的内置函数来编译和使用正则表达式。

```
#exp5-3.py
import re                                   #导入 re 模块
key = "<html><body><h1>hello world<h1></body></html>"   #这段是要匹配的文本
p = r"(?<=<h1>).+?(?=<h1>)"                  #正则表达式规则
pattern = re.compile(p)                      #编译这段正则表达式
matcher = re.search(pattern,key)             #在指定字符串中搜索符合正则表达式的部分
                                             #返回第 1 个成功的匹配

print(matcher.group(0))                      #输出
```

运行结果：

```
hello world
```

说明：目前读者无须完全看懂正则表达式的构建方法，只要能模仿验证流程即可，后文会详细介绍。

5.2.2　普通字符正则表达式

普通字符正则表达式就是用英文字母、数字和标点符号构成一个字符串的模式，是最简单的正则表达式形式，如表 5-4 所示。

表 5–4　普通字符正则表达式示例

正则表达式模式	匹配的字符串
python	python programming
world	hello world
apple	pear apple orange

测试过程如下：

```
import re                                   #导入 re 模块
```

```
key = "pear apple orange"              #要匹配的文本
p = r"apple"                           #正则表达式规则
pattern = re.compile(p)                #编译这段正则表达式
matcher = re.search(pattern,key)       #在指定字符串中搜索符合正则表达式的部分
print(matcher.group(0))                #输出
print(re.search(pattern,key).span())   #输出匹配上字符串的位置范围
```

运行结果：

```
apple
(5,10)
```

5.2.3 非打印字符正则表达式

非打印字符可以是正则表达式的组成部分。这里重点介绍表示非打印字符的转义字符，如表 5-5 所示。

表 5-5 非打印字符正则表达式

字符	含义
\cx	匹配由 x 指明的控制字符。例如，\cM 匹配一个 Control-M 组合键或回车符。x 的值必须为 A~Z 或 a~z 之一。否则，将 c 视为一个原义的'c'字符
\f	匹配一个换页符，等价于\x0c 和\cL
\n	匹配一个换行符，等价于\x0a 和\cJ
\r	匹配一个回车符，等价于\x0d 和\cM
\s	匹配任何空白字符，包括空格、制表符、换页符等，等价于[\f\n\r\t\v]
\S	匹配任何非空白字符，等价于 [^\f\n\r\t\v]
\t	匹配一个制表符，等价于\x09 和\cI
\v	匹配一个垂直制表符，等价于\x0b 和\cK

【例 5-4】非打印字符正则表达式的测试。

测试过程如下：

```
#exp5-4.py
import re                              #导入 re 模块
key = "\t\n\thello world\t\n\t\f"      #这是要匹配的文本
p1 = r"\f"                             #利用非打印字符定义模式
p2 = r"\n"
p3 = r"\S"
p4 = r"\t\f"
print(re.findall(p1,key))             #findall()返回文本串中与模式 p1 相匹配的所有子串，下同
print(re.findall(p2,key))
print(re.findall(p3,key))
print(re.findall(p4,key))
```

运行结果：

```
['\x0c']
['\n', '\n']
['h', 'e', 'l', 'l', 'o', 'w', 'o', 'r', 'l', 'd']
```

```
['\t\x0c']
```

5.2.4 特殊字符正则表达式

特殊字符是指一些有特殊含义的字符，特殊符号定义了字符集合、子组匹配、模式重复次数等。正是这些特殊符号使一个正则表达式可以匹配字符串集合而不只是一个字符串。表 5-6 列出了一些特殊字符正则表达式。

表 5–6 特殊字符正则表达式

特殊字符	含义
^	匹配输入字符串的开始位置，如果设置了 re.MULTILINE 标志，^ 也匹配换行符之后的位置。在方括号中使用时，表示不接收该字符集合。要匹配^字符本身，需使用\^
$	匹配输入字符串的结束位置，如果设置了 re.MULTILINE 标志，$也匹配换行符之前的位置。要匹配$字符本身，需使用\$
()	匹配圆括号中的正则表达式，或者指定一个子组的开始和结束位置，子组的内容可以在匹配之后被 "\数字" 再次引用。 要匹配圆括号本身，需使用\(和\)
*	匹配前面的子表达式零次或多次，等价于{0,}，要匹配*字符本身，需使用*
+	匹配前面的子表达式一次或多次，等价于{1,}，要匹配+字符本身，需使用\+
?	匹配前面的子表达式零次或一次，等价于{0,1}，要匹配?字符本身，需使用\?
.	表示匹配除换行符外的任何单个字符。通过设置 re.DOTALL 标志可以使其匹配任何字符（包含换行符），要匹配.字符本身，需使用\.
[...]	字符类，匹配中括号所包含的任意一个字符。要匹配[字符本身，需使用\[（1）连字符 - 如果出现在字符串中间表示字符范围描述，如果出现在首位则作为普通字符； （2）特殊字符仅有反斜线 \ 保持特殊含义，用于转义字符。其他特殊字符如*、+、? 等均作为普通字符匹配； （3）脱字符 ^ 如果出现在首位则表示匹配不包含其中的任意字符，如果 ^ 出现在字符串中间就仅作为普通字符匹配
\	（1）将一个普通字符变成特殊字符，如 \d 表示匹配所有十进制数字，\w 表示匹配所有字母和数字字符，\D 表示匹配任何非十进制数字； （2）解除元字符的特殊功能，如 \. 表示匹配点号本身； （3）引用序号对应的子组所匹配的字符串
{M,N}	M 和 N 均为非负整数，其中 M≤N，表示前边的 RE 匹配 M~N 次。 （1）{M,} 表示至少匹配 M 次； （2）{,N} 等价于{0,N}； （3）{N} 表示需要匹配 N 次
|	A|B，表示匹配正则表达式 A 或 B，要匹配|字符本身，需使用\

通过以下示例可以体现特殊字符正则表达式的作用。

```
>>> import re                                    #导入 re 模块
>>> print(re.search(r'.','I love Python.com'))   #.可以指代任意内容
<re.Match object; span=(0, 1), match='I'>        #match 表示匹配结果，span 表示位置

>>> print(re.search(r'Pytho.','I love Python.com'))
<re.Match object; span=(7, 13), match='Python'>

>>> print(re.search(r'^[0-9]+abc$','123abc'))    #从字符串开始位置，匹配由一到多个数字
                                                 #连接 "abc" 字符串
<re.Match object; span=(0, 6), match='123abc'>
```

```
>>> print(re.search(r'\.','I love Python.com'))
<re.Match object; span=(13, 14), match='.'>

>>> print(re.search(r'\d','I love 123 Fish*.com'))
<re.Match object; span=(7, 8), match='1'>

>>> print(re.search(r'\d\d\d','I love 123 Fish*.com'))
<re.Match object; span=(7, 10), match='123'>

>>> print(re.search(r'[aeiou]','I love Fish*.com'))
<re.Match object; span=(3, 4), match='o'>

>>> print(re.search(r'[aeiouAEIOU]','I love Fish*.com'))      #匹配一个元音字符
<re.Match object; span=(0, 1), match='I'>

>>> print(re.search(r'[^aeiouAEIOU]','I love Python'))        #匹配一个非元音字符
<re.Match object; span=(1, 2), match=' '>

>>> print(re.search(r'[a-z]','I love Fish*.com'))
<re.Match object; span=(2, 3), match='l'>

>>> print(re.search(r'[0-9]','I love 123 Python.com'))
<re.Match object; span=(7, 8), match='1'>

>>> print(re.search(r'ab{3}c','abbbc defg'))                 #表示字符 b 可以重复 3 次
<re.Match object; span=(0, 5), match='abbbc'>

>>> print(re.search(r'ab{3}c','abbbbbcdefg'))                #字符 b 多于 3 个则匹配失败
None

>>> print(re.search(r'ab{3,10}c','abbbbbcdefg'))             #指定重复次数范围则匹配成功
<re.Match object; span=(0, 7), match='abbbbbc'>

>>> print(re.search(r'[1]\d\d|2[0-4]\d|25[0-5]]','123'))     #匹配指定范围内的数字
<re.Match object; span=(0, 3), match='123'>

>>> print(re.search(r'(([01]{0,1}\d{0,1}\d|2[0-4]\d|25[0-5])\.){3}([01]{0,1}\
d{0,1}\d|2[0-4]\d|25[0-5])','192.168.1.1'))                  #匹配 IP 地址
<re.Match object; span=(0, 11), match='192.168.1.1'>
>>> print(re.search(r'\d{3}-\d{3}-\d{4}','800-555-1212'))    #匹配电话号码
<re.Match object; span=(0, 12), match='800-555-1212'>

>>> print(re.search(r'\w+@\w+.com','xxx@***.com'))           #匹配电子邮件地址
<re.Match object; span=(0, 11), match='xxx@***.com'>
```

5.2.5 re 模块

在 Python 中，可以使用 re 模块的内置函数来处理正则表达式。re 模块主要包括编译正则表达式

的函数和各种匹配函数，下面介绍几个主要函数的用法。

1. compile()函数

功能：编译正则表达式。

语法格式如下：

```
compile(source, filename, mode[, flags[, dont_inherit]])
```

参数说明：

◆　source：字符串或 AST（Abstract Syntax Trees，抽象语法树）对象。

◆　filename：代码文件名称，如果不是从文件读取代码，则传递一些可辨认的值。

◆　mode：指定编译代码的种类。可以指定为 exec、eval 和 single。

◆　flags 和 dont_inherit：可选参数，极少使用。

返回值：返回表达式执行的结果。

用法示例如下：

```
>>> str = 'for i in range(0,6): print("%d "%(i),end=" ")'
>>> c = compile(str,'','exec')                          #编译为字节代码对象
>>> c
<code object <module> at 0x0000000002F4F930, file "", line 1>

>>> exec(c)
0 1 2 3 4 5

>>> str = "3 * 4 + 5"
>>> v = compile(str,'','eval')
>>> eval(v)
17

>>> import re
>>> pattern = re.compile(r'([a-z]+) ([a-z]+)', re.I)    #re.I 表示忽略大小写
>>> m = pattern.match('Hello World Wide Web')            #按正则表达式匹配字符串
>>> m.group()                                            #返回匹配成功的子串
'Hello World'
```

2. match()函数

功能：从字符串的起始位置匹配一个模式，如果不是起始位置匹配成功，则 match()返回 None；若匹配成功，则返回匹配的对象实例。

语法格式如下：

```
re.match(pattern, string, flags=0)
```

参数说明：

◆　pattern：匹配的正则表达式。

◆　string：要匹配的字符串。

◆　flags：标志位，用于控制正则表达式的匹配方式，如是否区分大小写、多行匹配等。

我们可以使用 group(num) 或 groups() 匹配对象函数来获取匹配表达式。

group(num=0)获取匹配结果的各分组的字符串，group()可以一次输入多个组号，此时返回一个包含那些组所对应值的元组。groups()返回一个包含所有分组字符串的元组。

注意：如果未匹配成功，则 match()的返回值为 None，此时再使用 group()、groups()方法会报错。

应该先获取匹配对象，然后判断匹配对象是否非空，当非空时再使用 group()、groups()方法获取匹配结果。

用法示例如下：

```
>>> import re
>>> print(re.match(r'How', 'How are you').span())    #在起始位置匹配
(0, 3)

>>> print(re.match(r'are', 'How are you'))           #不在起始位置匹配
None

>>> m=re.match('abc','abcdef')
>>> m.group()
'abc'
```

3. search()函数

功能：扫描整个字符串并返回第一个匹配成功的子串，若匹配成功则返回匹配的对象实例，否则返回 None。

语法格式如下：

```
re.search(pattern, string, flags=0)
```

参数说明：同 match()函数。

用法示例如下：

```
>>> content = 'Hello 123456789 Word'
>>> print(re.search('(\d+)', content))          #匹配字符串中的数字
<re.Match object; span=(6, 15), match='123456789'>
```

说明：match()函数只检测字符串开头位置是否匹配，search()函数会在整个字符串内查找模式匹配。

4. findall()函数

功能：在字符串中查找所有符合正则表达式的字符串，并返回这些字符串的列表，若未找到则返回 None。

语法格式如下：

```
re.findall(pattern, string, flags=0)
```

参数说明：同 match()函数。

用法示例如下：

```
>>> print(re.findall("a|b", "abcabc"))   #返回所有满足匹配条件的结果,放在列表中
```

```
['a', 'b', 'a', 'b']
>>> kk = re.compile(r'\d+')
>>> kk.findall('one1two2three3four4')
['1', '2', '3', '4']

>>> re.findall(kk,"one1234")
['1234']

>>> string="2345 3456 4567 5678"
>>> regex=re.compile("\w+\s+\w+")
>>> print(regex.findall(string))
['2345 3456', '4567 5678']
```

5. sub()和 subn()函数

功能：这两个函数都是用来实现搜索和替换的，都是将某个字符串中所有匹配正则表达式的部分进行某种形式的替换。sub()函数返回一个用来替换的字符串，subn()函数还可以返回一个表示替换的总数，替换后的字符串和表示替换总数的数字一起作为一个拥有两个元素的元组返回。

语法格式如下：

```
re.sub(pattern, repl, string[,count])
re.subn(pattern, repl, string[,count])
```

参数说明：

◆　pattern：正则表达式模式。

◆　repl：要替换成的内容。

◆　string：进行内容替换的字符串。

◆　count：可选参数，最大替换次数。

用法示例如下：

```
>>> str = "hello 123 world 456"
>>> print(re.sub('\d+','222',str))    #将 str 中的所有数字串均替换成了'222'
hello 222 world 222

>>> print(re.subn('\d+','222',str))
('hello 222 world 222', 2)
```

6. split()函数

re 模块的 split()方法与字符串的 split()方法相似，前者是根据正则表达式分割字符串，与后者相比，显著提升了字符分割能力。如果没有使用特殊符号表示正则表达式来匹配多个模式，那么 re.split()和 string.split()的功能是一样的。

用法示例如下：

```
import re
str = 'aaa bbb ccc;ddd\teee,fff'
print(str)
print(re.split(r';',str))              #单字符分割
print(re.split(r'[;,]',str))           #两个字符以上切割时需要放在[ ]中
```

```
print(re.split(r'[;,\s]',str))        #所有空白字符切割
print(re.split(r'([;])',str))         #使用括号捕获分组，默认保留分割符
print(re.split(r'(?:[;])',str))       #不保留分隔符，以(?:…)的形式指定
```

运行结果：

```
aaa bbb ccc;ddd  eee,fff
['aaa bbb ccc', 'ddd\teee,fff']
['aaa bbb ccc', 'ddd\teee', 'fff']
['aaa', 'bbb', 'ccc', 'ddd', 'eee', 'fff']
['aaa bbb ccc', ';', 'ddd\teee,fff']
['aaa bbb ccc', 'ddd\teee,fff']
```

5.2.6 常用正则表达式示例

正则表达式的构成原则可总结如下。

（1）字母和数字表示它们自身，一个正则表达式模式中的字母和数字匹配同样的字符串。

（2）多数字母和数字前加上反斜线时会拥有不同的含义，反斜线本身也要用反斜线进行转义。

（3）标点符号只有在转义时才匹配自身，否则它们表示特殊的含义。

常用正则表达式示例如表 5-7 所示。

表 5-7　常用正则表达式示例

示例	含义
python	匹配"python"
[Pp]ython	匹配"Python"或"python"
Rub[y|e]	匹配"Ruby"或"Rube"
[aeiou]	匹配任意一个元音字母
[^aeiou]	匹配除 a、e、i、o、u 外的所有字符
[0-9]	匹配任何数字，类似于[0123456789]
[a-z]	匹配任何小写字母
[A-Z]	匹配任何大写字母
[a-zA-Z0-9]	匹配任何字母和数字
.	匹配除"\n"外的任何单个字符
\d	匹配一个数字字符，等价于[0-9]
\D	匹配一个非数字字符，等价于[^0-9]
\s	包括空格、制表符、换页符等，等价于[\f\n\f\t\v]
\S	匹配任何非空白字符，等价于[^\f\n\f\t\v]
\w	匹配包括下画线的任何单词字符，等价于[a-zA-Z0-9]
\W	匹配任何非单词字符，等价于[^a-zA-Z0-9]
\b	匹配一个单词边界，也就是指单词和空格的位置。 例如，"er\b"可以匹配"never"中的"er"，但不能匹配"verb"中的"er"
\B	匹配非单词边界。"er\B"能匹配"verb"中的"er"，但不能匹配"never"中的"er"
\A	匹配字符串的开始
\Z	匹配字符串的结束
\G	匹配最后匹配完成的位置

本章小结

本章主要介绍了 Python 中字符串的定义、创建和使用方法，以及正则表达式的概念、普通字符正则表达式、特殊字符正则表达式和 re 模块的用法等。

习题

一、选择题

1. 正则表达式对应的 Python 模块是（　　）。

    A. os 模块　　　　　　　　B. sys 模块　　　　　　　　C. json 模块　　　　　　　D. re 模块

2. 在 Python 正则表达式中，（　　）可以表示 0 个或 1 个。

    A. "+"　　　　　　　　　　B. "^"　　　　　　　　　　C. "?"　　　　　　　　　　D. "*"

3. 在 Python 正则表达式中，（　　）可以表示 1 个或多个。

    A. "+"　　　　　　　　　　B. "^"　　　　　　　　　　C. "?"　　　　　　　　　　D. "*"

4. 在 Python 正则表达式中，（　　）可以表示 0 个或多个。

    A. "+"　　　　　　　　　　B. "^"　　　　　　　　　　C. "?"　　　　　　　　　　D. "*"

5. 使程序暂停 5 秒的方法是（　　）。

    A. import date　　　　　　　　　　　　B. import time
       date.pause(5)　　　　　　　　　　　　 time.sleep(5)

    C. import date　　　　　　　　　　　　D. import datetime
       date.pause(5.0)　　　　　　　　　　　 datetime.sleep(5)

二、简答和操作题

1. 指定输出宽度为 20，以*作为填充符号右对齐输出 "Python" 字符串，请完善下列代码。

```
s="Python"
print("{ ① }".format( ② ))
```

2. 获得用户输入的一个数字，增加数字的千位分隔符，以 20 个字符宽度居中输出，请完善下列代码。

```
n=input("请输入数字: ")
print("{ ① }".format( ② ))
```

3. 将用户输入的字符串循环左移 1 位输出，请完善下列代码。

```
s = input("请输入一个字符串: ")
print( ① )
```

4. 将用户输入的字符串逆序输出，请完善下列代码。

```
s = input("请输入一个字符串: ")
print(  ①  )
```

5. 获得用户输入的一个数字，替换其中的 0~9 为中文字符"零一二三四五六七八九"，输出替换后的结果，请完善下列代码。

```
n = input("请输入一个数字: ")
s = "零一二三四五六七八九"
for c in "0123456789":
        n=      ①
print(n)
```

6. 表达式 re.split('\.+','alpha.beta...gamma..delta') 的值为_____。

7. print(re.match('^[a-zA-Z]+$','abcDEFG000'))的结果是_____。

8. 写一个正则表达式，使其能同时识别下列所有的字符串：'bat'、'bit'、'but'、'hat'、'hit'、'hut'。

9. 写一个正则表达式，提取出字符串中的单词。

10. 写一个正则表达式，匹配字符串的整数或小数。

三、编程题

1. 字符串 s 中保存了论语中的一句话，请编程统计 s 中的汉字和标点符号的个数。

```
s="学而时习之,不亦说乎?有朋自远方来,不亦乐乎?人不知而不愠,不亦君子乎?"
```

2. 网站要求用户输入用户名和密码进行注册。编写程序以检查用户输入的密码的有效性。以下是检查密码的标准。

（1）[a-z]中至少有 1 个字母。

（2）[0-9]中至少有 1 个数字。

（3）[A-Z]中至少有 1 个字母。

（4）[$#@]中至少有 1 个字符。

（5）最小交易密码长度：6。

（6）最大交易密码长度：12。

程序应接收一系列逗号分隔的密码，并根据上述标准进行检查。输出符合条件的密码，每个密码用逗号分隔。

例如，如果将以下密码作为程序的输入：

```
ABd1234@1,a F1#,2w3E*,2We3345
```

则程序的输出如下：

```
ABd1234 @ 1
```

3. 编写程序，用户输入一段英文，输出这段英文中所有长度为 3 个字母的单词。

4. 假设有一段英文，其中有单独的字母"I"误写为"i"，请编写程序进行纠正。

5. 有一段英文文本，其中有单词连续重复了 2 次，编写程序检查重复的单词并只保留一个。例如，文本内容为"This is is a desk."，程序输出为"This is a desk."。

6. 自定义函数 move_substr(s, flag, n)，将传入的字符串 s 按照 flag（1 代表循环左移，2 代表循环右移）的要求左移或右移 n 位，结果返回移动后的字符串，若 n 超过字符串长度则结果返回−1。

7. 从键盘输入一行字符串，请编程统计其中中文字符的个数。基本中文字符的 Unicode 编码范围是 4E00~9FA5。

8. 从键盘输入一行字符串，请编程输出每个字符对应的 Unicode 值，一行输出，使用逗号进行分隔。

9. 定义函数 countchar()，按字母表顺序统计字符串中所有出现的字母的个数（允许输入大写字符，并且计数时不区分大小写）。

06

第6章 函数与模块

　　函数是组织好的、可重复使用的、用来实现单一或相关联功能的代码段。函数是构成 Python 程序的基本模块，能提高应用的模块性和代码的重复利用率。Python 提供了许多内建函数，如 print()。用户也可以自己创建函数，称为用户自定义函数。本章主要介绍自定义函数的定义和使用方法，模块的导入和使用方法，命名空间的概念与规则，以及 Python 的常用内置函数。

　　函数的设计与应用是一种模块化的程序设计思想，体现出分而治之、化繁为简的思维方法，能从整体与部分的辩证关系认识团队哲学，进一步培养用户的全局意识、团队合作精神和探索精神。

本章重点

- 自定义函数的定义和使用
- 递归函数
- 模块的导入方法

学习目标

- 掌握自定义函数的定义和使用方法
- 掌握递归函数的设计方法
- 掌握模块的导入方法
- 了解命名空间的概念
- 熟悉 Python 的常用内置函数

6.1　函数

6.1.1　函数基础

函数

1. 函数的定义

在 Python 程序中，在使用函数前必须先定义（声明），使用时，只需按照函数定义的格式向函数传递所需参数，就可以调用函数来完成相关的功能，并返回函数结果。

定义函数的语法格式如下。

```
def 函数名([参数表]):
    函数体
    [return 返回值]
```

说明如下。

（1）参数表和 return 语句根据需要，为可选项，没有 return 语句时函数返回 None。

（2）函数不需要指定返回值的类型。

（3）圆括号和冒号必须有。

（4）函数体和 return 语句一起缩进对齐。

（5）定义时的参数称为形式参数，简称形参。

【例 6-1】定义一个函数。

```
#exp6-1.py
def fun():
    print("This is a test function!")
    return
```

运行结果：

```
>>> fun()
This is a test function!
```

2. 函数的调用

Python 规定，函数定义好后，可以在命令提示符后或程序中进行调用，调用的一般格式如下。

```
函数名([实际参数表])
```

实际参数可以是常量、变量或表达式，当个数超过一个时，用逗号分隔。实参和形参在个数、类型和顺序上应一一对应。无参函数，调用时实际参数表为空，但函数标志圆括号不能省略。函数调用的过程可描述如下。

（1）若需要，则为形参分配内存单元，然后将实参的值或地址赋给形参。

（2）为函数体内的变量分配内存单元，执行函数体内的语句。

（3）若有 return 语句，则返回值被带回主调函数，并释放形参和函数内部变量所占的内存空间。若无 return 语句，则程序流程直接返回主调函数。

【例 6-2】编写一个函数，求 3 个数的平均值。

分析：函数应设计 3 个形参，调用值需传递 3 个实参，平均值作为函数返回值。

参考代码如下：

```
#exp6-2.py
def ave(a,b,c):
    return (a+b+c)/3.0
x,y,z=eval(input("请输入 3 个数："))
print("3 个数的平均值=%f"%(ave(x,y,z)))    #输出函数调用的结果
```

运行结果：

```
请输入 3 个数：1,2,3
3 个数的平均值=2.000000
```

【例 6-3】编写一个函数，求任意整数的阶乘，并设计主程序测试函数。

分析：用函数完成阶乘，其结果作为函数的返回值。

参考代码如下：

```
#exp6-3.py
def fact(n):
    s=1
    for i in range(1,n+1):
        s*=i
    return s
n=eval(input("请输入一个整数："))
print("阶乘结果：")
print(fact(n))
```

运行结果：

```
请输入一个整数：100
阶乘结果：
93326215443944152681699238856266700490715968264381621468592963895217599993229915
608941463976156518286253697920827223758251185210916864000000000000000000000000000
```

6.1.2 函数参数

定义时的参数称为形式参数（形参），调用时的参数称为实际参数（实参），根据实参给形参传递值的不同，通常有值传递和址传递两种参数传递方式。

1. 值传递方式

值传递是指函数调用时，会为形参分配与实参不同的内存单元，并将实参的值复制给形参。函数调用结束时，形参所占的内存单元被释放，在函数体内形参的改变对实参没有任何影响，实现的是参数的单向传递。传递的实参数据一般是数字、字符串或元组等。

【例 6-4】函数的值传递参数方式。

```
#exp6-4.py
def swap(x,y):
    x,y=y,x
    print("x=",x,"y=",y)
a,b=eval(input("请输入两个数: "))
swap(a,b)
print("a=",a,"b=",b)
```

运行结果:

```
请输入两个数: 1,2
x= 2 y= 1
a= 1 b= 2
```

2. 址传递方式

址传递是指函数调用时,将实参的地址传递给形参,形参和实参占用同一段内存单元。在函数体内,形参的改变也就意味着实参的改变,通过这种方式可以将被调函数的相关数据带回主调函数,实现主调函数和被调函数之间的双向数据传递。显然,这种方式要求实参是可变对象,所以传递的实参数据一般是列表或字典等。

【例 6-5】函数的址传递参数方式。

```
#exp6-5.py
def change(List):
    List.append(4)    #在函数体内增加了一个元素
    print("函数内: ",List)
mylist=[1,2,3]
change(mylist)
print("函数外: ",mylist)
```

运行结果:

```
函数内: [1, 2, 3, 4]
函数外: [1, 2, 3, 4]
```

6.1.3　函数的默认参数

若函数调用时未传递实参,则按定义时的默认参数进行计算。具体定义和使用方法可参考如下示例。

【例 6-6】函数默认参数的定义和使用。

分析:默认参数就是指定义函数时,该参数已被赋值。

```
#exp6-6.py
def printInfo(name,age=20):
    print("姓名:",name,"年龄:",age)
printInfo(name="Zhang")               #此时按默认年龄参数输出
```

```
printInfo(name="Fang",age=22)
printInfo(age=18,name="Wang")    #按参数名传入参数时，参数顺序可以任意
```

运行结果：

```
姓名：Zhang 年龄：20
姓名：Fang 年龄：22
姓名：Wang 年龄：18
```

6.1.4 函数的不定长参数

在 Python 程序中，用户可能需要一个函数能处理比最初声明时更多的参数，这些参数称为不定长参数，也称为可变参数。这些可变参数被包装进一个元组，在可变参数前可以有若干个普通参数。其基本语法格式如下。

```
def 函数名([普通参数][,*可变参数])
    函数体
    [return 返回值]
```

上述定义中，"*可变参数"会存放所有未命名的变量参数。在调用该函数时，如果依次序将所有的其他变量都赋值（实参赋给形参）之后，剩下的参数将会被收集在一个元组中，元组的名称就是"*可变参数"。

【例 6-7】函数不定长参数的定义和使用。

```
#exp6-7.py
def printInfo(arg1,*vartuple):
    print("输出:")
    print(arg1)
    for var in vartuple:
        print(var)
printInfo(10)          #10 传递给普通参数 arg1
printInfo(20,30,40)    #20 传递给普通参数 arg1，30 和 40 传递给可变参数 vartuple
```

运行结果：

```
输出：
10
输出：
20
30
40
```

6.1.5 函数的返回值

return 语句用来结束函数并将函数的运算结果返回给主调函数。最简单的用法就是返回一个值，当需要 return 返回多个值时，这些值就形成了一个元组，由圆括号括起、逗号分隔，如（a,b,c）。

【例 6-8】函数返回多个值的应用。

```
#exp6-8.py
def caculate(a,b):
    return (a+b,a-b)
sum,diff=caculate(5,3)    #函数返回的元组元素分别送给 sum 和 diff
print("sum=",sum,"diff=",diff)
```

运行结果：

```
sum=8 diff=2
```

6.1.6　变量的作用域

在 Python 程序中，变量的作用域是指变量的作用范围。根据所在位置和作用范围，变量分为局部变量和全局变量。局部变量仅能在函数内部使用，全局变量可以在整个程序范围内使用。

1. 局部变量

局部变量是指定义在函数内部的变量，只能在声明它的函数内部使用，当函数运行结束时，局部变量将不再存在。函数内部定义的变量，若无特别说明则为局部变量。

2. 全局变量

全局变量是指定义在所有函数外部的变量，因此在程序执行全程有效。当函数内有未特别声明的同名局部变量时，局部变量有效。全局变量声明的语法格式如下。

```
global <全局变量>
```

【例 6-9】全局变量的应用。

```
#exp6-9.py
def fun():
    global str    #声明全局变量
    str="Internal"
    print("函数内:",str)
str="external"
print("函数外:",str)
fun()
print("函数外:",str)
```

运行结果：

```
函数外: external
函数内: Internal
函数外: Internal
```

若将 fun()函数体内的全局声明删除，则运行结果如下：

```
函数外: external
函数内: Internal
```

```
函数外：external
```

6.1.7　匿名函数

匿名函数是 Python 中一种特殊的函数声明方式，不再使用 def 语句来定义函数，而是使用关键字 lambda 来创建函数，并可以赋给它一个变量供调用。匿名函数的语法格式如下。

```
lambda params:expr
```

其中，参数 params 相当于声明函数时的参数列表，多个参数用逗号分隔；expr 是函数返回值的表达式，但表达式中不能含有其他语句，可以返回元组并允许调用其他函数。因此，lambda 函数适合定义简单的、能够在一行内表示的函数。

【例 6-10】匿名函数的定义与应用。

```
#exp6-10.py
sum = lambda a,b=100:a+b                                    #允许带默认参数
print("变量之和为:",sum(100,200))
print("变量之和为:",sum(100))
print("变量之和为:",(lambda a,b=100:a+b)(100,200))          #直接传递实参
L = [lambda x:x**2,lambda x:x**3,lambda x:x**4]             #和列表联合使用
for f in L:
        print(f(2))
key = 'B'
dic = { 'A': lambda: 2*2,'B': lambda: 2*4,'C': lambda: 2*8}  #和字典结合使用
print("value(key)=",dic[key]())
lower = lambda x,y: x if x<y else y                         #使用 if 语句构成表达式
print("lower=",lower(3,5))
```

运行结果：

```
变量之和为: 300
变量之和为: 200
变量之和为: 300
4
8
16
value(key)=8
lower=3
```

6.1.8　几个特殊函数

1. map 函数

map 函数为 Python 的内置函数，其作用是将一个单参数函数依次作用到一个序列对象的每一个元素上，并返回一个 map 对象作为结果，其中每个元素是原序列中元素经过该函数处理后的结果，该函数不对原序列对象做任何修改。其语法格式如下。

```
map(func,seq)
```

其中，func 是一个函数，seq 是一个序列对象。

【例 6-11】 map 函数的应用。

```
#exp6-11.py
def sqr(x):
    return x**2
item1=[1,2,3,4,5]
item2=[6,7,8,9,10]
for i in map(sqr,item1):
    print(i,end=' ')
print()
for i in map(lambda x,y:x+y,item1,item2):#使用 lambda 函数作为运算函数
    print(i,end=' ')
```

运行结果：

```
1 4 9 16 25
7 9 11 13 15
```

2. reduce 函数

reduce 函数为 Python 的内置函数，其作用是将一个序列对象（列表、元组、字典或字符串等）中的所有数据进行下列操作：使用传给 reduce 中的函数 function（有两个参数）先对集合中的第 1、第 2 个元素进行操作，得到的结果再与第 3 个数据使用 function 函数进行运算，以此类推，最后得到一个结果。其语法格式如下。

```
reduce(func, iterable[, initializer])
```

其中，func 是一个函数，必须有两个参数；iterable 是一个序列对象；initializer 为可选参数，用于设置初始值，若有初始值，则第 1 次运算对象为初始值和第 1 个元素。另外，在 Python 3 中，reduce 函数放在 functools 模板中，所以使用前需要使用 from functools import reduce 将其导入。

【例 6-12】 reduce 函数的应用。

```
#exp6-12.py
from functools import reduce
def add(x,y):
    return x+y
def multipy(x,y):
    return x*y
print("累加结果:",end=' ')
print(reduce(add, [1,2,3,4]))
print("累乘结果:",end=' ')
print(reduce(multipy, [1,2,3,4]))
print("整数连接结果:",end=' ')
print(reduce(lambda x, y: x * 10+ y,[1,2,3,4,5]))   #将一个整数列表拼成整数
```

运行结果：

```
累加结果：10
累乘结果：24
整数连接结果：12345
```

【例 6-13】reduce 函数的高级应用 1：对字典中每个人的年龄进行求和。

分析：reduce 函数要带上 0 作为可选参数，每次累加返回的是一个整数。

参考代码如下：

```
#exp6-13.py
from functools import reduce
scientists =({'name':'Alan Turing', 'age':105},
                {'name':'Dennis Ritchie', 'age':76},
                {'name':'John von Neumann', 'age':114},
                {'name':'Guido van Rossum', 'age':61})
def reducer(accumulator , value):       #每次调用将字典中的一个元素传递给 value
        sum = accumulator + value['age']
        return sum
total_age = reduce(reducer, scientists, 0)
print("年龄总和为：",total_age)
```

运行结果：

```
年龄总和为：356
```

【例 6-14】reduce 函数的高级应用 2：按性别进行分组。

分析：对字典对象按指定的参数进行分组。

参考代码如下：

```
#exp6-14.py
from functools import reduce
scientists =({'name':'Alan Turing', 'age':105, 'gender':'male'},
                {'name':'Dennis Ritchie', 'age':76, 'gender':'male'},
                {'name':'Ada Lovelace', 'age':102, 'gender':'female'},
                {'name':'Frances E. Allen', 'age':84, 'gender':'female'})
    def group_by_gender(accumulator, value): #第一次调用时，传递给 accumulator 的就是字典
{'male':[],
            #'female':[]} ，然后将 value 接收到的元素的键添加到该字典中，作为对应键的值
        accumulator[value['gender']].append(value['name'])
        return accumulator
grouped = reduce(group_by_gender, scientists, {'male':[], 'female':[]})
print("分组结果:",grouped)
```

运行结果：

```
分组结果: {'male': ['Alan Turing', 'Dennis Ritchie'], 'female': ['Ada Lovelace',
'Frances E. Allen']}
```

3. filter 函数

filter 函数为 Python 的内置函数，其作用是将一个单参数函数作用到一个序列上，返回该序列中使该函数返回值为 True 的那些元素组成的列表、元组或字符串。其语法格式如下。

```
filter(func, iterable)
```

其中，func 是一个函数；iterable 是一个序列对象。

【例 6-15】分别过滤出列表中的奇数和偶数。

参考代码如下：

```
#exp6-15.py
def is_odd(n):
      return n%2==1
newlist1 = filter(is_odd,range(1,11))              #通过自定义函数构造过滤器
print("奇数序列为:",end=' ')
for i in newlist1:
      print(i,end=' ')
print()
newlist2 = filter(lambda x: x%2==0, range(1,11))   #通过 lambda 函数构造过滤器
print("偶数序列为:",end=' ')
for i in newlist2 :
      print(i,end=' ')
```

运行结果：

```
奇数序列为: 1 3 5 7 9
偶数序列为: 2 4 6 8 10
```

6.2　递归函数

若函数定义中出现了直接或间接调用函数自身的方式，则该函数就是递归函数。下面以求 $n!$ 的过程为例介绍递归的执行过程。

$$f(n) = n! = \begin{cases} 1 & n = 0 \\ n \times (n-1)! & n > 0 \end{cases}$$

从上式可以看出，要求 $n!$，则需先求出 $(n-1)!$，同理要求 $(n-1)!$，则需先求出 $(n-2)!$，以此类推，直到求出 0! 为止。然后逐级返回来计算 1!、2!、…、$n!$，这种算法称为递归算法。以 $n=4$ 为例，这个过程可通过图 6-1 来描述，递归函数非常适合实现递归算法。递归算法具有以下两个性质。

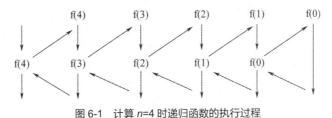

图 6-1　计算 $n=4$ 时递归函数的执行过程

（1）递归分解：一个规模大的问题总能转换成比原问题规模小的同类问题，问题规模往往需要用函数的参数表示。

（2）递归结束：当问题规模小到一定程度（如阶乘问题中 $n=0$ 时）时，问题需要有最终解，此时可以逐层返回。

【例 6-16】使用递归函数计算 $n!$。

参考代码如下：

```
#exp6-16.py
def fac(n):
    if n==0:
        return 1
    else:
        .return fac(n-1)*n
n=int(input("输入一个整数:"))
print("%d!=%d"%(n,fac(n)))
```

运行结果：

```
输入一个整数:20
20!=2432902008176640000
```

递归函数还可以写成以下形式：

```
def fac(n):
    if n==0:
        f=1
    else:
        f= fac(n-1)*n
    return f
```

【例 6-17】使用递归函数求斐波那契（Fibonacci）数列。

分析：斐波那契数列可用如下分段函数描述。

$$f(n)=\begin{cases} 1 & n=1 \\ 1 & n=2 \\ f(n-1)+f(n-2) & n>2 \end{cases}$$

参考代码如下：

```
#exp6-17.py
def fun(n):
    if n==1 or n==2:
        f=1
    else:
        f= fun(n-1)+fun(n-2)
    return f
n=int(input("输入一个整数(n>1):"))
print("斐波那契数列为:")
for i in range(1,n+1):
    print("%d"%(fun(i)),end=' ')
```

运行结果：

```
输入一个整数(n>1):10
斐波那契数列为：
1 1 2 3 5 8 13 21 34 55
```

【例6-18】使用递归函数求解汉诺塔（Hanoi）问题。

有一种被称为汉诺塔的游戏：在一块铜板装置上，有3根杆（编号A、B、C），在A杆自下而上、由大到小按顺序放置64个金盘（金盘中间有小孔，见图6-2）。游戏的目标是把A杆上的金盘全部移到C杆上，并保持原有顺序叠好全盘。操作规则是每次只能移动一个盘子，并且在移动过程中3根杆上都始终保持大盘在下、小盘在上的状态，操作过程中盘子可以置于A、B、C任意一杆上。

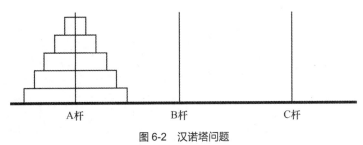

图 6-2　汉诺塔问题

分析：对于这样一个问题，任何人都不可能直接写出移动盘子的每一步，但我们可以利用下面的方法来解决。设移动盘子数为 n，为了将这 n 个盘子从A杆移动到C杆，可以做以下3步。

（1）以C盘为中介，从A杆将1~$n-1$号盘移至B杆。

（2）将A杆中剩下的第 n 号盘移至C杆。

（3）以A杆为中介，从B杆将1~$n-1$号盘移至C杆。

但在实际操作中，只有（2）可以直接完成，而（1）、（3）又成为移动的新问题。以上操作的实质是把移动 n 个盘子的问题转换为移动 $n-1$ 个盘子，那（1）、（3）如何解决呢？事实上，上述方法设盘子数为 n，n 可为任意数，该法同样适用于移动 $n-1$ 个盘子。因此，该法可解决 $n-1$ 个盘子从A杆移到B杆[即（1）]或从B杆移到C杆[即（3）]的问题。现在，问题由移动 n 个盘子的操作转换为移动 $n-2$ 个盘子的操作。依据该原理，层层递推，即可将原问题转换为解决移动 $n-2$、$n-3$、…3、2，直到移动1个盘子的操作，而移动一个盘子的操作是可以直接完成的。

为此，本例设计递归函数 hanoi(n,x,y,z)，其中 n、x、y 和 z 分别表示盘子数、源柱、中介柱和目标柱。函数调用一次，盘子数减1，当盘子数减至1时，递归结束。算法描述如下。

如果 n 为1，则将这一盘子从 x 柱直接移到 z 柱，否则执行以下步骤。

（1）递归调用 hanoi(n-1,x,z,y)，将 $n-1$ 个盘子借助 z 柱从 x 柱移到 y 柱。

（2）将 n 号盘子从 x 柱移到 z 柱。

（3）递归调用 hanoi(n-1,y,x,z)，将 $n-1$ 个盘子借助 x 柱从 y 柱移到 z 柱。

参考代码如下：

```
#exp6-18.py
count=0                    #记录操作步骤
```

```
def move(n,a,b,c):    #n 为盘子数，a 代表源柱，b 代表中介柱，c 代表目标柱
    global count      #声明全局变量
    if n==1:
            count+=1
            print(count,':',a,'-->',c)
    else:
            move(n-1,a,c,b)
            count+=1
            print(count,':',a,'-->',c)
            move(n-1,b,a,c)
n=int(input("输入初始盘子数量:"))
print("移动过程如下:")
move(n,'A','B','C')
```

运行结果：

```
输入初始盘子数量:3
移动过程如下:
1: A→C
2: A→B
3: C→B
4: A→C
5: B→A
6: B→C
7: A→C
```

6.3 模块

在 Python 中，模块是一个包含变量、函数或类的定义及各种语句的程序文件。模块可以被其他程序引入，以使用该模块中的函数等功能。把相关的代码分配到一个模块中能让代码更好用、更易懂。模块可以让用户有逻辑地组织 Python 代码段，便于开发大型应用程序。从用户角度看，模块与函数相似，分为标准库模块和用户自定义模块。

模块

6.3.1 标准库模块

标准库模块是指 Python 自带的函数模块，使用时通过命令导入即可。Python 提供了大量标准库模块，主要涉及文本处理、文件处理、操作系统、网络通信、网络协议等功能。另外，Python 还提供了大量的第三方模块，功能涉及科学计算、Web 开发、数据库、图形系统等，使用方式与标准库模块相同。

6.3.2 用户自定义模块

用户自定义模块就是用户自己建立的扩展名为.py 的 Python 程序，该模块中可以定义各种功能

的函数。当其他程序要使用本模块中的函数时，需要先导入该模块或仅导入该模块中的指定函数。例如，mymodule.py 模块的内容如下。

```
#mymodule.py
import time                    #导入系统标准库模块
def now_time():                #设计显示系统当前时间的函数
    nt=time.localtime()
    s=("%02d:%02d:%02d"%nt[3:6])
    print(s)
    time.sleep(1)
```

然后设计一个测试程序，需要使用前面 mymodule.py 模块中显示时间的函数。

```
#test-module.py
import mymodule
print("现在的时间是:",end=' ')
mymodule.now_time()      #通过其他模块的函数，显示系统当前的时间
```

运行结果：

```
现在的时间是: 09:23:07
```

6.3.3 模块的导入方法

模块的导入方法有以下 3 种。

1. 导入模块

导入模块的语法格式如下。

```
import module1 [,module2][,…, moduleN]
```

功能：解释器会按系统搜索路径将指定模块导入当前程序中，在使用被导入模块中的函数时，需要使用"模块名.函数名"的格式。

2. 导入模块中的函数

导入模块中的函数的语法格式如下。

```
from modulename import function1[,function 2][,…, function N]
```

功能：解释器会将模块中的指定函数单个地导入当前程序中，在使用被导入模块中的函数时，前面无须加"模块名."。

示例如下：

```
from fib import fibonacci
```

3. 导入模块中的所有函数

导入模块中的所有函数的语法格式如下。

```
from modulename import *
```

功能：解释器会将模块中的所有函数导入当前程序中，模块中的所有函数可以在本程序中直接使用。

6.4 命名空间

在编写 Python 程序的过程中，如果要使用变量和函数，都需要先对变量和函数命名。Python 会把命名后的变量和函数分配到不同的命名空间（Namespace），并通过名称来识别它们。Python 为什么要区分不同的命名空间呢？它有两个作用，一个作用是不同的命名空间对应不同的作用域；另一个作用是防止命名冲突。在 Python 程序中，使用命名空间来记录变量的轨迹。命名空间是一个字典，它的键就是变量名，它的值就是对应变量的值。各命名空间是独立没有关系的，一个命名空间中不能有重复的名称，但是不同的命名空间可以重名且没有任何影响。

6.4.1 命名空间的分类

按照变量定义的位置，可以将命名空间划分为以下 3 类。

（1）局部命名空间（Local）：每个函数所拥有的命名空间，记录了函数中定义的所有变量，包括函数的参数、内部定义的局部变量。

（2）全局命名空间（Global）：每个模块加载执行时创建的命名空间，记录了模块中定义的变量，包括模块中定义的函数、类、其他导入的模块、模块级的变量与常量。

（3）内建命名空间（Built-in）：Python 自带的命名空间，任何模块均可以访问，放着内置的函数和异常。

在 Python 中，复杂程序都是通过模块来管理的，不同功能的函数往往分布在不同的模块中。Python 搜索一个标识符的顺序是先局部，再全局，最后才是内建命名空间。函数及其全局命名空间决定了函数中引用的全局变量的值。函数的全局命名空间始终定义该函数的模块，而不调用该函数的命名空间。

【例 6-19】命名空间的应用。

分析：模块文件 module.py 中定义了全局变量 name 和函数 mo_fun()，测试模块 exp6-19.py 中定义了全局变量 name 和函数 test_fun()。运行结果显示，测试模块中调用函数 mo_fun()时输出的依然是模块文件 module.py 中的 name 值。

自定义模块如下：

```
#module.py
name="module_name"
def mo_fun():
    print("函数 mo_fun:")
    print("变量 name:",name)
```

测试模块如下：

```
#exp6-19.py
from module import mo_fun
name="current_name"
```

```
def test_fun():
    print("当前模块函数 test_fun:")
    print("变量 name:",name)
    mo_fun()
test_fun()
```

运行结果：

```
当前模块函数 test_fun:
变量 name: current_name
函数 mo_fun:
变量 name: module_name
```

6.4.2　命名空间的生命周期

在 Python 程序中，不同时刻创建的命名空间会有不同的生命周期，具体体现在以下几点。

（1）内置命名空间在 Python 解释器启动时创建，并会一直保留下去。

（2）模块的全局命名空间在导入模块时创建，一直保持到解释器退出。

（3）当调用函数时创建一个局部命名空间，当函数返回结果或抛出异常时，删除局部命名空间。

【例 6-20】命名空间的生命周期。

分析：以下代码没有全局声明 global i 时会报错，给出以下错误提示 "UnboundLocalError: local variable 'i' referenced before assignment"。这是因为虽然定义了全局变量 i，但函数 fun()内的变量 i 是局部变量，没有初值，故不能执行加 1 操作。在函数内加上全局声明，错误即被排除。

```
i=1
def fun():
#  global i
    i=i+1
    print("变量 i:",i)
fun()
```

正确的运行结果如下：

```
变量 i: 2
```

6.4.3　命名空间的访问函数

在 Python 程序中可以使用内置函数 locals()与 globals()来分别访问局部和全局命名空间，具体用法可参考如下实例。

【例 6-21】命名空间访问函数的用法。

分析：locals()函数会以字典类型返回当前位置的全部局部变量，但该函数返回的是局部命名空间的一个副本。globals()函数会以字典类型返回当前位置的全部全局变量，该函数返回的是全局命名空间，可以通过该字典的修改来影响全局命名空间的值。

```
#exp6-21.py
```

```
str="global"
def fun(a,b):
    i=1
    a=a+1
    print("局部命名空间信息:",locals())
fun(1,"string")
print("全局命名空间信息:",globals())
globals()["str"]="Global"    #通过globals()函数的返回值修改全局命名空间的值
print("全局命名空间 str=",str)
```

运行结果：

```
局部命名空间信息: {'a': 2, 'b': 'string', 'i': 1}
全局命名空间信息: {'__name__': '__main__', '__doc__': None, '__package__': None,
'__loader__': <class '_frozen_importlib.BuiltinImporter'>, '__spec__': None,
'__annotations__': {}, '__builtins__': <module 'builtins' (built-in)>, '__file__':
'C:\\Users\\Administrator\\
Desktop\\Python教材\\程序\\exp6-20.py', 'str': 'global', 'fun': <function fun at
0x0000000002FC9510>}
全局命名空间 str= Global
```

说明：通过上述运行结果可以看出，模块级的命名空间不仅包含全局变量，还包括所在模块定义的函数、类、内置命名空间（__builtins__）等，以及任何导入模块的内容。

6.5　Python 标准库函数

Python 3 解释器提供了近 70 个标准库函数（随着版本升级，数量还会增加），这些函数不需要导入相关模块，可直接使用，具体库函数名及功能如表 6-1 所示。

表 6-1　Python 标准库函数及其功能

函数名	功能描述
abs()	获取绝对值
all()	接收一个迭代器，如果迭代器中的所有元素都为真，那么返回 True，否则返回 False
any()	接收一个迭代器，如果迭代器中有一个元素为真，那么返回 True，否则返回 False
ascii()	调用对象的__repr__()方法，获得该方法的返回值
bin()	将十进制数分别转换为二进制数
bool()	测试一个对象是 True 还是 False
bytearray()	返回一个新字节数组。这个数组中的元素是可变的，并且每个元素的值范围为 $0 \leqslant x < 256$
callable()	判断对象是否可以被调用，能被调用的对象就是一个 callables 对象
chr()	查看十进制数对应的 ASCII 字符
classmethod()	指定一个方法为类的方法，由类直接调用执行
cmp()	比较两个元组元素
compile()	将字符串编译成 Python 能识别或可以执行的代码，也可以将文字读成字符串再编译
complex()	创建一个值为 real + imag * j 的复数或转换一个字符串为复数
delattr()	删除对象的属性
dict()	创建数据字典
dir()	不带参数时返回当前范围内的变量、方法和定义的类型列表，带参数时返回参数的属性、方法、列表
divmod()	分别取商和余数

续表

函数名	功能描述
enumerate()	返回一个可以枚举的对象，该对象的 next() 方法将返回一个元组
eval()	将字符串 str 当成有效的表达式来求值并返回计算结果
execfile()	执行字符串或 compile 方法编译过的字符串，没有返回值
file()	创建一个 file 对象
filter()	过滤器，构造一个序列，等价于[item for item in iterables if function(item)]
float()	将一个字符串或整数转换为浮点数
format()	格式化输出字符串
frozenset()	创建一个不可修改的集合
getattr()	获取对象的属性
globals()	返回一个描述当前全局变量的字典
hasattr()	判断对象是否包含对应的属性
hash()	获取一个对象（字符串或者数值等）的哈希值
help()	返回对象的帮助文档
hex()	将十进制数分别转换为十六进制数
id()	返回对象的内存地址
input()	获取用户输入的内容
int()	将一个字符串或数值转换为一个普通整数
isinstance()	检查对象是否是类的对象，返回 True 或 False
issubclass()	检查一个类是否是另一个类的子类，返回 True 或 False
iter()	生成迭代器
len()	返回对象的长度，参数可以是序列类型（字符串、元组或列表）或映射类型（如字典）
list()	列表构造函数
locals()	输出当前可用局部变量的字典
long()	将数字或字符串转换为一个长整型
map()	根据提供的函数对指定序列做映射
max()	返回给定元素中的最大值
memoryview()	返回给定参数的内存查看对象
min()	返回给定元素中的最小值
next()	返回一个可迭代数据结构（如列表）中的下一项
object()	获取一个新的、无特性（geatureless）对象
oct()	将十进制数转换为八进制数
open()	打开文件，返回一个 file 对象
ord()	查看某个 ASCII 对应的十进制数
pow()	幂函数
print()	输出函数
property()	在新式类中返回属性值
range()	根据需要生成一个指定范围的数字，可以提供用户需要的控制来迭代指定的次数
raw_input()	将所有输入作为字符串看待，返回字符串类型
reduce()	对参数序列中的元素按指定函数进行累积
reload()	重新载入之前载入的模块
repr()	将任意值转换为字符串，供计时器读取
reversed()	返回一个反转的迭代器
round()	四舍五入
set()	创建一个无序不重复元素集，可进行关系测试，删除重复数据，还可以计算交集、差集、并集等
setattr()	设置属性值，该属性不一定是存在的
slice()	实现切片对象，主要用在切片操作函数中的参数传递
sorted()	对所有可迭代的对象进行排序操作

续表

函数名	功能描述
staticmethod()	返回函数的静态方法
str()	将字符类型/数值类型等转换为字符串类型
sum()	对系列进行求和计算
super()	调用父类（超类）的一个方法，用来解决多重继承问题
tuple()	元组构造函数
type()	显示对象所属的类型
unichr()	和 chr()函数的功能基本一样，不同的是返回 Unicode 的字符
vars()	返回对象 object 的属性和属性值的字典对象
xrange()	与 range 完全相同，不同的是生成的不是一个数组，而是一个生成器
zip()	将可迭代的对象作为参数，将对象中对应的元素打包成元组，然后返回由这些元组组成的列表
__import__()	动态加载类和函数

本章小结

本章主要介绍自定义函数的定义和使用方法，模块的导入和使用方法，命名空间的概念与规则，以及 Python 的常用内置函数。

习题

一、选择题

1. 定义函数的保留字是（　　　）。

    A. global   B. def   C. return   D. yield

2. 下列选项中，不属于函数的作用的是（　　　）。

    A. 提高代码执行的速度   B. 利用代码

    C. 增加代码的可读性   D. 降低编程的复杂度

3. 程序最外层有一个变量 x，定义一个函数，其再次使用了变量 x，下列说法正确的是（　　　）。

    A. 函数中将变量 x 声明为 global，对 x 的操作与全局变量无关

    B. 函数中未将变量 x 声明为 global，对 x 的操作与全局变量无关

    C. 函数中未将变量 x 声明为 global，对 x 的操作即为对全局变量 x 的操作

    D. 函数中将变量 x 声明为 global，对 x 的操作即为对全局变量 x 的操作，但函数返回时全局变量 x 被销毁

4. 定义函数如下：

```
f = lambda x:x+1
```

f(f(1))的运行结果是（　　　）。

    A. 1   B. 2   C. 3   D. 4

5. 下列代码的运行结果是（　　　）。

```
def fun(ls=[]):
    ls.append(1)
    return ls
a=fun()
b=fun()
print(a,b)
```

A. [1] [1]   B. [1] [1, 1]   C. [1, 1] [1]   D. [1, 1] [1, 1]

6. 下列递归函数的描述中，正确的是（　　　）。

A. 包含一个循环结构   B. 函数比较复杂

C. 函数内部包含对本次函数的再次调用   D. 函数名称作为返回值

7. 在 Python 中，下列关于全局变量和局部变量的描述中，不正确的是（　　　）。

A. 一个程序中的变量包含两类：全局变量和局部变量

B. 全局变量一般没有缩进

C. 全局变量在程序执行的全过程有效

D. 全局变量不能和局部变量重名

8. 下列关于 lambda 函数的描述中，错误的是（　　　）。

A. lambda 函数也称为匿名函数

B. lambda 函数将函数名作为函数的结果返回

C. 定义了一种特殊函数

D. lambda 不是 Python 的保留字

9. 下列关于 return 语句的描述中，正确的是（　　　）。

A. 函数中最多只有一个 return 语句   B. 函数中必须有一个 return 语句

C. return 语句只能返回一个值   D. 函数可以没有 return 语句

10. 下列关于函数的参数传递的描述中，错误的是（　　　）。

A. 形式参数是函数定义时提供的参数

B. 实际参数是函数调用时提供的参数

C. Python 参数传递时不构造新数据对象，而是让形式参数和实际参数共享同一个对象

D. 函数调用时，需要将形式参数传递给实际参数

二、阅读程序题

1. 下列代码的输出结果是（　　　）。

```
def Join(List, sep=None):
    return (sep or ',').join(List)
print(Join(['a','b','c']))
print(Join(['a','b','c'],':'))
```

2. 下列代码的输出结果是（　　　）。

```
def Sum(a, b=3, c=5):
    return sum([a, b, c])
print(Sum(a=8, c=2))
print(Sum(8))
print(Sum(8,2))
```

3. 下列代码的输出结果是（　　　）。

```
def func(a,b):
    a *= b
    return a
s = func(5,2)
print(s)
```

4. 下列代码的输出结果是（　　　）。

```
def func(a):
    if a>33:
        return True
li = [11,22,33,44,55]
res = filter(func,li)   #filter 是过滤掉序列中不符合条件的元素的库函数
print(list(res))
```

5. 下列代码的输出结果是（　　　）。

```
def exchange(a,b):
    a,b = b,a
    return (a,b)
x = 10
y = 20
x,y = exchange(x,y)
print(x,y)
```

6. 下列代码的输出结果是（　　　）。

```
MA = lambda x,y:(x>y)*x+(x<y)*y
MI = lambda x,y:(x>y)*y+(x<y)*x
a = 3
b = 5
print(MA(a,b) ,MI(a,b))
```

三、编程题

1. 请定义函数 count(str,c)，统计字符串 str 中单个字符 c 出现的次数，并返回这个次数。

2. 编写函数，模拟 Python 内置函数 sorted()，以列表数据进行测试。

3. 如果一个 n 位数刚好包含了 $1 \sim n$ 中的所有数字各一次，则称它是全数字的，如四位数 1324 就是 $1 \sim 4$ 全数字的。从键盘上输入一组整数，输出其中的全数字。

输入样例如下：

```
1243,322,321,1212,2354
```

输出样例如下：

```
1243
321
```

4. 定义函数 countchar(str)，按字母表顺序统计字符串中所有出现的字母的个数（允许输入大写字符，并且计数时不区分大小写）。

输入样例如下：

```
Hello, World!
```

输出样例如下：

```
[0, 0, 0, 1, 1, 0, 0, 1, 0, 0, 0, 3, 0, 0, 2, 0, 0, 1, 0, 0, 0, 0, 1, 0, 0, 0]
```

5. 从键盘上输入一个列表，编写一个函数计算列表元素的平均值。

6. 编写一个函数 IsPrime()，参数为整数，判断参数是否为质数，并设计主函数测试。

7. 找出 n 个默尼森数。P 是素数且 M 也是素数，并且满足等式 $M=2^P-1$，则称 M 为默尼森数。例如，$P=5$，$M=2^P-1=31$，5 和 31 都是素数，因此 31 是默尼森数。

8. 设计递归函数实现字符串逆序。

07

第 7 章　文件

前述章节中的 Python 程序所需要的外部数据主要是通过键盘输入的（使用 input 函数），而程序的运行结果主要是直接输出到显示器上的（使用 print 函数），程序运行期间，所有的数据均在内存中，一旦程序运行结束，所有数据都会消失。当程序所需数据量大、数据访问频繁或需要反复查看运行结果时，现有手段就很不方便了。为了解决这些问题，Python 中引入了文件机制，利用文件来保存初始化的数据，程序运行时可以从文件导入所需数据，程序的运行结果也可以保存到文件中。这种机制，不仅提高了数据初始化的效率，同时可以持久保存运行结果，为程序开发带来了很大的便利。本章主要介绍文件的基本概念、文件的打开和关闭方法、文件的基本操作方法，以及与文件相关的模块。

文件操作为程序设计中数据的长期保存带来了方便，也会让用户重视数据的积累和保存，进一步挖掘数据内隐藏的价值，同时也要注意数据的安全。

本章重点

- 文件的打开和关闭方法
- 文件读写的操作方法
- 与文件相关的模块

学习目标

- 了解文件的基本概念
- 掌握文件的打开和关闭方法
- 掌握文件读写的操作方法
- 掌握文件和文件夹的操作方法，以及相关模块的用法

7.1 文件概述

7.1.1 文件的基本概念

文件是一组存储在外部存储介质（磁盘、光盘、U 盘等）上的信息集合，可以包含任何数据内容。操作系统是以文件的形式来管理外部存储介质上的文件的，并以"文件名.扩展名"的形式标识文件。从文件内容的表现形式看，文件可分为文本文件和二进制文件。

文本文件是指以 ASCII 码方式（也称文本方式）存储的文件，更确切地说，英文、数字等字符以 ASCII 码存储，而汉字以机内码存储。文本文件中除存储文件有效字符信息（包括能用 ASCII 码字符表示的回车、换行等信息）外，不能存储其他任何信息。文本方式可以通过文本编辑软件（如记事本）或文字处理软件进行创建、阅读和修改等操作。由于文本文件存在字符编码，文件内容可看成长字符串，所以是字符流。对文本文件进行读写时，要进行字符与二进制之间的转换，速度相对要慢一些。

二进制文件是指按二进制的编码方式存储文件，没有统一的字符编码，是字节流。文件内部数据的组织格式与文件性质有关，如.jpg 格式的是图片文件、.avi 格式的是视频文件、.wma 格式的是音频文件。对于整数 1234，在二进制文件中是按其对应的二进制形式 10011010010 来保存的，占 2 字节；而在文本文件中是按"1""2""3""4"这 4 个字符来保存的，占 4 字节。因此，对于同一批数据，二进制文件形式要比文本文件形式占用的空间小。另外，二进制文件在内、外存上都是二进制形式，文件读写时不需要转换，读写效率比文本文件高。

【例 7-1】文本文件和二进制文件的内容对比。

分析：设当前文件夹下有一个文件 f.txt，内容为"Python 语言程序设计"。将其分别以文本文件和二进制文件的方式打开，比较两者的区别。

参考代码如下：

```
#exp7-1.py
fp=open("f.txt","r")
print("文本文件方式: ",end=' ')
print(fp.readline())
fp.close()
fp=open("f.txt","rb")
print("二进制文件方式: ",end=' ')
print(fp.readline())
fp.close()
```

运行结果：

```
文本文件方式: Python 语言程序设计
二进制文件方式: b'Python\xd3\xef\xd1\xd4\xb3\xcc\xd0\xf2\xc9\xe8\xbc\xc6'
```

说明：可以看到，以文本文件方式打开文件时，输出的是有含义的字符，以二进制文件方式打开文件时，文件被解析成字节流。文件的打开、关闭等操作将在 7.2 节中进行介绍。

7.1.2　文件的操作流程

Python 程序中对文件的读写过程与其他高级语言类似，主要操作步骤如下。

（1）建立/打开文件：当为了进行读操作而打开文件时，若文件存在则打开，若文件不存在则报错；当为了进行写操作而打开文件时，若文件存在则将其覆盖，若文件不存在则系统会重新创建这个文件；数据文件可以通过各种编辑器建立，也可以通过程序来创建。

（2）读写文件：从指定文件读取数据，或将内存中的数据（如变量或序列值）写入文件中。

（3）关闭文件：文件操作结束，务必关闭文件，以取消程序与指定文件之间的联系。

操作系统中的文件默认是存储状态，操作时首先将其打开，使当前程序有权操作这个文件，打开后的文件处于占用状态，其他程序不能操作这个文件，只有关闭后，程序才会释放对该文件的控制权，让其恢复成存储状态。

7.2　文件的打开和关闭

文件的打开和关闭

7.2.1　打开文件

所谓打开，就是建立程序与文件的关联，以便进一步对文件进行读写操作。Python 中可以通过内置函数 open 打开一个文件，通过打开方式参数来设定操作性质，其一般调用格式如下。

```
文件对象=open(<文件名>, <打开模式>)
```

功能说明：第 1 个参数就是要打开的文件名，可以带上路径，如"D:\\abc\\f.txt"；打开模式用于控制使用何种方式打开文件，Python 程序中常用的文件打开模式如表 7-1 所示。若是对文本文件操作，则模式串中的字符 t 可以省略。

表 7-1　文件的打开模式

模式	功能描述
rt	以只读方式打开文本文件，只允许读数据
wt	以只写方式打开或建立文本文件，只允许写数据
at	追加打开一个文本文件，并在文件结尾添加数据
rb	以只读方式打开二进制文件，只允许读数据
wb	以只写方式打开或建立二进制文件，只允许写数据
ab	追加打开一个二进制文件，并在文件结尾添加数据
rt+	以读写方式打开一个文本文件，允许读和写
wt+	以读写方式打开或建立一个文本文件，允许读和写
at+	以读写方式打开一个文本文件，允许读或在文件结尾添加数据
rb+	以读写方式打开一个二进制文件，允许读和写
wb+	以读写方式打开或建立一个二进制文件，允许读和写
ab+	以读写方式打开一个二进制文件，允许读或在文件结尾添加数据

7.2.2　关闭文件

在 Python 程序中，可以用 close()方法关闭一个已经打开的文件，释放对该文件的控制权。文件关闭是文件打开的逆操作，若没有主动关闭，则当程序结束后由系统自动关闭，建议还是在程序中主动关闭。关闭文件的语法格式如下。

```
文件对象.close()
```

7.3 文件的基本操作

文件的基本
操作

Python 中的文件对象提供了一系列对文件进行读写和定位的方法。

7.3.1 文件的读写

文件对象用于文件读写的方法有 read()、readline()、readlines()、write()、writelines()等。

1. read()方法

语法格式：str=文件对象.read([size])。

功能：在用读模式（r 或 r+）打开的文件中，读取指定的字节数，若是文本文件则返回字符串；若是二进制文件，则返回字节流。size 为负数或空时，则读取到文件末尾。

【例 7-2】read()方法的应用。设 D 盘根目录下有文本文件 f.txt，内容如图 7-1 所示。请读取文件内容并输出显示。

参考代码如下：

图 7-1 文本文件 f.txt 中的内容

```
#exp7-2.py
fp=open("D:\\f.txt","r")
s1=fp.read(5)
print("前 5 个字符为:",s1)
fp.seek(0)          #指针回到文件开头
s2=fp.read()
print("所有字符为:",s2)
fp.close()
```

运行结果：

```
前 5 个字符为: Hello
所有字符为: Hello world
Python Programming
```

2. readline()方法

语法格式：str=文件对象.readline([size])。

功能：在用读模式（r 或 r+）打开的文件中，从当前位置读取到行末，多用于文本文件。若 size 默认大于本行字符长度，则读取到本行末尾（含 '\n'）。

【例 7-3】还是操作例 7-2 中的文本文件。

参考代码如下：

```
#exp7-3.py
fp=open("D:\\f.txt","r")
s1=fp.readline()
print("首行字符为:",s1)
s2=fp.readline(6)
print("第二行前 6 个字符为:",s2)
fp.close()
```

运行结果：

```
首行字符为: Hello world

第二行前 6 个字符为: Python
```

说明：首先结束的换行符'\n'，在输出时发挥了作用，所以输出了一个空行。

3. readlines()方法

语法格式：str=文件对象.readlines([size])。

功能：在用读模式（r 或 r+）打开的文件中，从当前位置读取多行数据，多用于文本文件。若 size 为默认值，则读取到文件末尾；若 size 小于本行字符的长度，则读取到本行末尾。该方法返回从文件读取的每行内容组成的列表，每行都包括 '\n'。

【例 7-4】还是操作例 7-2 中的文本文件。

参考代码如下：

```
#exp7-4.py
fp=open("D:\\f.txt","r")
s1=fp.readlines()
print("文件内容为:",s1)
fp.seek(0)                  #指针回到文件开头
s2=fp.readlines(11)         #只读取第一行内容，超过 11 则第二行内容也被读出
print("文件的第一行内容为:",s2)
```

运行结果：

```
文件内容为: ['Hello world\n', 'Python Programming']
文件的第一行内容为: ['Hello world\n']
```

4. write()方法

语法格式：文件对象.write(字符串)。

功能：在用写模式（w 或 w+）打开的文件中，向当前位置写入字符串。若是文本文件则写入字符串；若是二进制文件，则写入字节流。write()方法返回写入的字符数或字节数。write()方法不在字符串的结尾添加换行符 '\n'。

【例 7-5】使用 write()方法写文件示例。

```
#exp7-5.py
fp1=open("D:\\f1.txt","w")
len1=fp1.write("Hello world!")
```

```
print("写入内容 1 的长度为:",len1)
fp1.close()
fp2=open("D:\\f2.dat","wb")
len2=fp2.write(bytes([1,2,3]))    #bytes()函数用于将参数转换为字节序列
print("写入内容 2 的长度为:",len2)
fp2.close()
```

运行结果：

```
写入内容 1 的长度为：12
写入内容 2 的长度为：3
```

5. writelines()方法

语法格式：文件对象.writelines(列表)。

功能：在用写模式（w 或 w+）打开的文件中，向当前位置写入列表中的所有元素，多用于文本文件。

【例 7-6】使用 writelines()方法写文件示例。

分析：将由两个字符串组成的列表写入指定文件中。

```
#exp7-6.py
fp = open("D:\\test.txt", "w")
print("文件名为：", fp.name)
seq = ["Python 教程 1\n", "Python 教程 2"]    #换行时需要指定换行符'\n'
fp.writelines(seq)
fp.close()
```

运行结果：

```
文件名为：  D:\test.txt
```

文本文件 test.txt 中的内容如图 7-2 所示。

图 7-2　文本文件 test.txt 中的内容

7.3.2　文件的定位

文件的读写都是按从头到尾的顺序读写完毕的，文件当前位置的指针会顺序移动。如果要从指定的位置进行读写，则可以通过 Python 的 seek()方法将文件指针移到指定位置再进行读写，这种方式称为随机读写，移动文件指针的过程称为文件定位。

1. seek()方法

语法格式：文件对象.seek(offset,whence=0)。

功能：参数 offset 为相对于所指示位置的字节偏移量；whence 表示所指示的位置，默认值为 0 时，表示相对于文件开始的位置；值为 1 时，表示相对于文件读写的位置；值为 2 时，表示相对于文件结尾的位置。seek()方法的返回值为当前的读写位置。

【例 7-7】使用 seek()方法定位文件示例。

分析：设有一文件 f.txt，内容为"Python programming"。

```
#exp7-7.py
fp = open("D:\\f.txt", "r")
print("文件名为:", fp.name)
str1=fp.read()
print("文件内容为:",str1)
fp.seek(7,0)   #以文件开始为基准，向文件尾方向移动 7 字节
str2=fp.read()
print("第 7 个字节后的内容为:",str2)
fp.close()
```

运行结果：

```
文件名为: D:\f.txt
文件内容为: Python programming
第 7 个字节后的内容为: programming
```

2. tell()方法

语法格式：文件对象.tell()。

功能：返回文件的当前位置（相对于文件开始的位置）。

【例 7-8】tell()方法应用示例。

```
#exp7-8.py
fp = open("D:\\f.txt", "r")
print("文件名为:", fp.name)
str1=fp.read()
print("文件内容为:",str1)
print("文件指针的当前位置为:",fp.tell())     #当前位置在文件末尾
fp.seek(0,0)                                   #回到文件起始的位置
str2=fp.read(6)
print("文件指针的当前位置为:",fp.tell())     #读取 6 字节内容之后的位置
fp.close()
```

运行结果：

```
文件名为: D:\f.txt
文件内容为: Python programming
文件指针的当前位置为: 18
文件指针的当前位置为: 6
```

7.4　与文件相关的模块

文件
相关模块

在 Python 程序中，文件对象所带的方法只能对文件进行读写操作，当需要对文件和文件夹进行复杂的操作时，就需要 Python 内置的 os 模块和 shutil 模块。os 模块提供了访问操作系统服务的功能，如创建目录、删除目录、命名文件、删除文件、复制文件和目录等。要使用这些功能，就需要先导入 os 模块或 shutil 模块。下面介绍 os 模块中常用函数的使用方法。

1. mkdir()方法

语法格式：os.mkdir(path)。

功能：按 path 指定的路径创建单级目录，若要创建的目录已经存在则抛出异常。

【例 7-9】mkdir()方法应用示例。

分析：分别在 D 盘和当前程序所在文件夹下创建目录。

```
#exp7-9.py
import os
os.mkdir("D:\\abc")
print("指定位置目录创建成功！")
os.mkdir("python")
print("当前文件夹下目录创建成功！")
```

运行结果：

```
指定位置目录创建成功！
当前文件夹下目录创建成功！
```

再次运行程序，由于两个目录已经存在，所以会抛出异常 FileExistsError: [WinError 183]。

2. makedirs()方法

语法格式：os.makedirs(path)。

功能：按 path 指定的路径递归地创建多级目录，若要创建的目录已经存在则抛出异常。

【例 7-10】makedirs()方法应用示例。

```
#exp7-10.py
import os
os.makedirs("D:\\aa\\bb\\cc")
print("多级目录创建成功！")
```

运行结果：

```
多级目录创建成功！
```

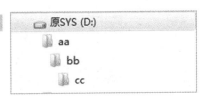

图 7-3　创建的多级目录结构

创建的多级目录结构如图 7-3 所示。

3. listdir()方法

语法格式：os.listdir(path)。

功能：列出 path 指定路径下所有的文件和目录，结果以列表的形式呈现。

示例：

```
>>> import os
>>> os.listdir("D:\\")
['$360Section', '$RECYCLE.BIN', '1.txt', '1020.log', '360SANDBOX', '8461.swf',
'aa', 'abc', 'Activator_v1.2.exe', 'ahcre', 'Boot', 'bootmgr', 'coil20_64x64.mat',
'Config.Msi', 'CZWRG', 'Documents and Settings', 'f.txt', 'f1.txt', 'f2.dat',
'KwDownload', 'LenovoDrivers', 'ludashi_5.15.16.1285.exe', 'MSOCache',
'pagefile.sys', 'PerfLogs', 'Program Files', 'Program Files (x86)', 'ProgramData',
'QMDownload', 'QQPCMgr', 'System Volume Information', 'test.txt', 'Users',
'WeChatSetup.exe', 'Windows', '冒泡法.swf']
```

4. getcwd()方法

语法格式：os.getcwd()。

功能：显示当前的工作目录。

示例：

```
>>> import os
>>> os.getcwd()
'C:\\Users\\Administrator\\Desktop\\Python教材\\程序'
```

5. chdir()方法

语法格式：os.chdir(path)。

功能：按 path 指定路径改变当前的工作目录。

示例：

```
>>> import os
>>> os.chdir("D:\\abc")
>>> os.getcwd()
'D:\\abc'
```

6. rmdir()方法

语法格式：os.rmdir (path)。

功能：按 path 指定的路径删除目录，要求被删除的目录为空目录，否则抛出异常。

示例：

```
>>> os.rmdir("D:\\aa\\bb\\cc")    #将删除 cc 文件夹
```

7. remove()方法

语法格式：os.remove(file)。

功能：删除指定文件，若文件不存在，则抛出异常。

示例：

```
>>> os.remove("D:\\abc\\f.txt")    #删除指定文件 f.txt
```

若文件不存在，则抛出如下异常：

```
Traceback (most recent call last):
  File "<pyshell#10>", line 1, in <module>
    os.remove("D:\\abc\\f.txt")
FileNotFoundError: [WinError 2] 系统找不到指定的文件。: 'D:\\abc\\f.txt'
```

8. rename()方法

语法格式：os.rename(src, dst)。

功能：将文件或目录 src 重命名为 dst，若 dst 名称已经存在，则抛出异常。

示例：

```
>>> os.chdir("D:\\abc")
>>> os.rename("f.txt","g.txt")   #将文件"f.txt"重命名为"g.txt"
```

到 Windows 资源管理器中就能看到文件重命名后的结果。

9. stat()方法

语法格式：os.stat(file)。

功能：返回相关文件的系统状态信息。

示例：

```
>>> os.stat("g.txt")
os.stat_result(st_mode=33206, st_ino=14918173765740954, st_dev=22936,
st_nlink=1, st_uid=0, st_gid=0, st_size=18, st_atime=1558082519, st_mtime=1558075281,
st_ctime=1558082519)
```

10. copyfile()方法

语法格式：shutil.copyfile(源文件,目标文件)。

功能：需要导入 shutil 模块，将源文件复制到目标文件。

示例：

```
>>> import shutil
>>> shutil.copyfile("D:\\abc\\g.txt","D:\\abc\\f.txt")
```

7.5　综合应用

【例 7-11】一批学生的基本信息和几门功课成绩保存在文本文件（score1.txt）中，文件中的内容如图 7-4 所示。请编程统计各门功课的最高分、最低分、平均分，并统计每个学生的总成绩，然后将包含总成绩的完整信息写入另一文件（score2.txt）中，如图 7-5 所示。

图 7-4　score1.txt 文件中的内容

图 7-5　score2.txt 文件中的内容

参考代码如下：

```
#exp7-11.py
fp=open("D:\\abc\\score1.txt",'r')
fw=open("D:\\abc\\score2.txt",'w')
lines=fp.readlines()
field=lines.pop(0).split(',')              #移除表头
N=len(field)                               #求有效数据的行数
score=[]                                   #保存每个学生的成绩
for eachline in lines:
    t=eachline.split(',')                  #取出每行数据，即列表 lines 中的一个元素
    s=[]
    for i in range(2,len(t)):
        s.append(int(t[i]))
    score.append(s)
Min=[]            #保存每门的最低分
Max=[]            #保存每门的最高分
Ave=[0,0,0]       #保存每门的平均分
total=[]          #保存每个学生的总成绩
for i in range(N):
    total.append(0)
for i in range(3):
    Min.append(score[0][i])
    Max.append(score[0][i])
    for j in range(len(score)):
        if score[j][i]<Min[i]:
            Min[i]=score[j][i]
        if score[j][i]>Max[i]:
            Max[i]=score[j][i]
        Ave[i] += score[j][i]
        total[j]+=score[j][i]
    Ave[i]/= N
print("最低分-语文:%d，数学:%d，英语:%d"%(Min[0],Min[1],Min[2]))
print("最高分-语文:%d，数学:%d，英语:%d"%(Max[0],Max[1],Max[2]))
print("平均分-语文:%.1f,数学:%.1f,英语:%.1f"%(Ave[0],Ave[1],Ave[2]))
fp.seek(0,0)
lines=fp.readline()
lines=lines.replace("\n","")
fw.write(lines+",总成绩"+"\n")                     #写入表头
j=0;
for i in range(1,N+1):
    lines=fp.readline()
    lines=lines.replace("\n","")
    fw.write(lines+","+str(total[j])+"\n")        #写入每行的有效数据
    j+=1
fp.close()
fw.close()
```

运行结果：

最低分-语文:69 ， 数学:78 ， 英语:75
最高分-语文:88 ， 数学:84 ， 英语:92
平均分-语文:79.6,数学:81.2,英语:84.6

【例 7-12】CSV 格式文件的读写。设有一 CSV 文件（f.csv）存放了近几年各大城市的商品房基价，具体内容如图 7-6 所示。请编程读出其内容，删除其数据项之间的逗号，然后另存为文本文件（price.txt），如图 7-7 所示。

图 7-6　f.csv 文件中的内容　　　　　图 7-7　price.txt 文件中的内容

说明：CSV（Comma-Separated Values）文件是以逗号分隔数值的纯文本形式的二维数据文件，一行为一条记录，每条记录由字段组成，字段间由逗号分隔。每行表示一个一维数据，多行表示二维数据。一般的表格数据处理工具（如 Excel 等）可以将数据另存为 CSV 格式，它是一种通用的、相对简单的文件格式，在商业和科学领域广泛应用，尤其应用于在程序之间转移表格数据。

参考代码如下：

```
#exp7-12.py
fr=open("f.csv","r")
fw=open("price.txt","w")
ls=[]                                   #空列表
for row in fr:
    line=row.replace("\n","")
    ls=line.split(",")                  #以逗号为分隔符进行切片，形成一个列表
    str=""
    for i in ls:
        str+="{}\t".format(i)           #将列表的所有元素连成一个字符串
    fw.write(str+'\n')                   #将字符串写入文本文件
fr.close()
fw.close()
```

【例 7-13】利用文件制作英文词典。

分析：将现有词典内容保存在文本文件中，如图 7-8 所示。程序中将词典内容读进列表后，再通过交互接收新输入的单词，然后到列表中查找，找到后输出其对应的中文，找不到则将这组新单词添

加到词典结尾。示例加入新单词后的新词典内容如图 7-9 所示。其中，参考代码 2 采用字典存储读入的词典内容，其查找过程是一样的。

图 7-8　原词典内容

图 7-9　新词典内容

参考代码 1 如下：

```
#exp7-13-1.py
fr=open("dict.txt","r+")
Dict=[]                          #空列表
ls=[]
i=0
for row in fr:
    ls.append(row.split())
    i+=1
while 1:
    word=input("请输入一个英文单词:")
    flag=0
    j=0
    for j in range(i):
        if word==ls[j][0]:
            flag=1
            break
    if flag:
        print(word,ls[j][1])
    else:
        print("没有该单词，请输入其中文:",end=" ")
        chinese=input()
        fr.write(word+" "+chinese)
        print("该单词已添加至词典! ")
    ch= input("继续查找(Y/N):")
    if ch=='Y' or ch=='y':
        continue
    else:
        print("欢迎再次使用! ")
```

```
                    break
fr.close()
```

运行交互过程如下：

```
请输入一个英文单词:pear
pear 梨
继续查找(Y/N):y
请输入一个英文单词:apple
apple 苹果
继续查找(Y/N):y
请输入一个英文单词:papaya
没有该单词，请输入其中文：木瓜
该单词已添加至词典!
继续查找(Y/N):y
请输入一个英文单词:mango
mango 芒果
继续查找(Y/N):N
欢迎再次使用!
```

参考代码 2 如下（采用字典存储）：

```
#exp7-13-2.py
fr=open("dict.txt","r+")
Dict={}                          #空字典
for line in fr:
     v=line.strip().split(' ')
     Dict[v[0]]=v[1]             #添加进字典
while 1:
     flag=0
     word=input("请输入一个英文单词:")
     if Dict.get(word):          #到字典中查找
          flag=1
     if flag:
          print(word,Dict.get(word))
     else:
          print("没有该单词，请输入其中文:",end=" ")
          chinese=input()
          fr.write(word+" "+chinese+"\n")
          print("该单词已添加至词典! ")
     ch= input("继续查找(Y/N):")
     if ch=='Y' or ch=='y':
          continue
     else:
          print("欢迎再次使用! ")
          break
fr.close()
```

参考代码 2 的运行结果与参考代码 1 的运行结果一样。

【例 7-14】将指定文件夹下所有文件的主名前加上编号，如第一个文件原名为"file.jpg"，更改后为"1_file.jpg"，后面文件以此类推。

分析：利用 os 模块读取当前路径下所有的文件列表，然后分离出每个文件的主名和扩展名，并按主名前加上编号的方式修改每个文件名。

参考代码如下：

```python
#exp7-14.py
import os
import sys
import time
path=input("请输入欲操作路径(如D:\\a\\b):")
if not os.path.isdir(path):
    sys.exit()
start=time.time()  #计时开始
os.chdir(path)      #更改当前工作目录
i=1
for x in os.listdir(path):
    file_name=x.split('.')
    os.rename(x,str(i)+'_'+file_name[0]+'.'+file_name[1])  #文件更名
    i+=1
print("程序运行总用时:%.2f 秒"%(time.time()-start))
```

测试结果如下（指定路径下有 162 个文件，1.1GB）：

```
请输入欲操作路径(如D:\a\b):D:\aa
程序运行总用时:0.64 秒
```

更名成功后的部分文件如图 7-10 所示。

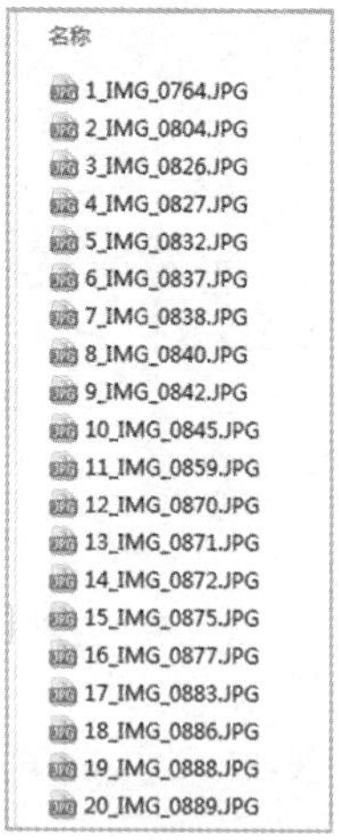

【例 7-15】编写程序，将文件 file1.txt 中的字符串"computer"替换成"计算机"，并将更换后的文件保存到 file2.txt 中。

参考代码如下：

```python
#exp7-15.py
import re
f1 = open("file1.txt","r+")
f2 = open("file2.txt","w+")
str1=r"computer"   #前缀 r 表示"自然字符串"，特殊字符失去意义
str2=r"计算机"
for s in f1.readlines():
    tt=re.sub(str1,str2,s)
    f2.write(tt)
f1.close()
f2.close()
```

图 7-10　文件名清单

上述代码的运行结果如图 7-11 所示。

（a）替换前的文本内容　　　　　　　　（b）替换后的文本内容

图 7-11　file1.txt 和 file2.txt 文件中的内容对比

本章小结

本章主要介绍文件的基本概念、文件的打开和关闭方法、文件的基本操作方法，以及与文件相关的模块，并列举了几个文件操作的综合案例。

习题

一、选择题

1. 下列选项中，不是 Python 对文件读操作方法的是（　　　）。

　　A. 'r'　　　　　　　　B. 'w'　　　　　　　　C. 'b+'　　　　　　　　D. 'c'

2. 关于 Python 文件的'+'打开模式，下列选项中描述正确的是（　　　）。

　　A. 只读模式　　　　　B. 覆盖模式

　　C. 追加模式　　　　　D. 与 r/w/a/x 一同使用，在原功能基础上增加同时读写功能

3. 下列选项中，不是 Python 文件操作相关函数的是（　　　）。

　　A. open()　　　　　　B. load()　　　　　　C. read()　　　　　　D. write()

4. 关于文件关闭的 close()方法，下列选项中描述正确的是（　　　）。

　　A. 文件处理结束后，一定要使用 close()方法关闭文件

　　B. 如果文件是使用只读方式打开的，则仅在这种情况下可以不使用 close()方法关闭文件

　　C. 文件处理后可以不使用 close()方法关闭文件，程序退出时会默认关闭

　　D. 文件处理时遵循严格的"打开—操作—关闭"模式

5. 两次调用文件的 write()方法，下列选项中描述正确的是（　　　）。

　　A. 连续写入的数据之间默认采用空格分隔

　　B. 连续写入的数据之间默认采用换行分隔

　　C. 连续写入的数据之间默认采用逗号分隔

　　D. 连续写入的数据之间无分隔

6. 使用 open()打开一个 Windows 操作系统 D 盘 Python 文件夹下的文件，下列选项中对路径的表示错误的是（　　　）。

　　A. D:\\Python\\a.txt　　　　　　　　　B. D:\Python\a.txt

　　C. D:/Python/a.txt　　　　　　　　　　D. D://Python//a.txt

7. 下列文件操作方法，打开后能读取 CSV 格式文件的选项是（   ）。

    A. fo=open("123.csv","r")   B. fo=open("123.csv","w")

    C. fo=open("123.csv","x")   D. fo=open("123.csv","a")

8. 关于下列代码中的变量 x，下列选项中描述正确的是（   ）。

```
fo=open(fname,"r")
for x in fo:
    print(x)
fo.close()
```

    A. 变量 x 表示文件中的一行字符   B. 变量 x 表示文件中的一个字符

    C. 变量 x 表示文件中的一组字符   D. 变量 x 表示文件中的多行字符

9. 关于 Python 文件处理，下列选项中描述错误的是（   ）。

    A. Python 能处理 Excel 文件   B. Python 能处理 JPG 文件

    C. Python 不可以处理 PDF 文件   D. Python 能处理 CSV 文件

10. 下列选项中，对文件描述错误的是（   ）。

    A. 文件是一个存储在辅助存储器上的数据序列

    B. 文件中可以包含任何数据内容

    C. 文本文件和二进制文件都是文件

    D. 文本文件不能用二进制文件的方式读入

二、简答题

1. 请说明下列 3 种读取文件方式的不同。

```
text = file.read()
text = file.readline()
text = file.readlines()
```

2. 请总结采用 CSV 格式对二维数据文件进行读写的方法。

三、编程题

1. 统计一个指定字符在一个文件中出现的次数。

2. 编写一个程序，将一个英文文本文件中的所有大写字母转换成小写字母、小写字母转换成大写字母，然后以添加的方式写入该文件中。

3. 有两个文件 file1.txt 和 file2.txt，各存放一行字符。编写一个程序，将文件内容合并到一起并写入 file3.txt 文件中。

4. 编写一个程序，比较两个文件的内容。如果文件完全相同，则输出 "OK"，否则输出 "NO"。

5. 以例 7-11 中的结果文件（score2.txt）为对象，编程将文件中的内容按总成绩由高到低排序后写入 score3.txt 中。

排序结果如图 7-12 所示。

图 7-12　排序结果

6. 利用程序生成一个列表[11, 22, …, 99]，然后将其写入文件 list.txt 中，再使用 print()函数输出。

7. 请编程实现文件复制。

8. 将文件 infile 中的所有以大写字母开头的行复制到文件 outfile 中。

08

第 8 章 Python 计算生态

Python 诞生至今，由于其简洁性、易读性、可扩展性，以及开源模式，Python 官方和广大用户一起建立了以标准库和第三方库为代表的大规模编程计算生态。Python 有非常灵活的编程方式，很多用其他语言（如 C、C++等）编写的专业库，经过简单的接口封装就可以供 Python 程序调用，这种黏性功能使 Python 程序非常适合作为各类编程语言之间的接口，Python 也因此获得了"胶水语言"的称号。

在 Python 计算生态思想的指导下，程序开发人员不必纠结于某个算法的逻辑功能或设计思想，只需针对具体需求，尽可能利用好各类库模块进行代码复用即可，这实际上是一种搭积木的编程方式，也称为"模块编程"。Python 官网提供了第三方库索引功能，用户需要相关功能的库时可前往检索和下载。本章主要介绍几个典型标准库和第三方库的用法。

学会第三方库的使用是本章的主要目的，在此基础上可以基于第三方库做一些创新性工作，借此培养创新精神，立志将来在工作岗位上争做大国工匠。

本章重点

- Python 部分标准库：turtle、random、time 和 datetime
- Python 部分第三方库：numpy、pandas、jieba、wordcloud 和 Pyinstaller

学习目标

- 掌握 Python 中的 turtle 库和 random 库的用法
- 掌握 Python 中的 numpy 库的用法
- 了解 Python 的部分第三方库，如 pandas、jieba、wordcloud 和 Pyinstaller

8.1　Python 标准库

Python 标准库是 Python 安装包自带的库，无须另行安装。典型的标准库有 turtle 库、random 库、time 库和 datetime 库等。

8.1.1　turtle 库

turtle（海龟）库是 Python 中一个很流行的绘制图像的库。绘图时，以画布中心为坐标原点（0,0），光标根据一组函数指令的控制（如前进、后退、旋转等），在这个平面坐标系中移动，从而在小海龟爬行的路径上绘制图形。

在 Python 3.x 中可以通过以下 3 种方式引用 turtle 库。

（1）先用 import turtle 导入库，然后在程序中可以直接以"turtle.函数名( )"的形式使用库。

（2）先用 from turtle import *导入库，然后在程序中可以直接以"函数名( )"的形式使用库，无须加库名做前导。若*是某个指定函数，则只导入指定函数。

（3）先用 import turtle as t 导入库，此时为库准备了别名 t，故程序中就可以直接以"t.函数名( )"的形式使用库。

turtle 库有 100 多个函数，主要包括画布函数和画笔函数。下面介绍一些常用函数。

1. 画布函数

（1）screensize()函数

语法：turtle.screensize(canvwidth=None, canvheight=None, bg=None)。

功能：设置绘图区域的大小和背景色。

参数说明：参数 canvwidth 和 canvheight 分别为画布的宽和高(单位为像素)，默认大小为400×300，bg 为背景颜色。

示例如下：

```
>>>turtle.screensize()                     #返回默认大小(400, 300)
>>>turtle.screensize(800, 600, "green")    #设置新值
```

（2）setup()函数

语法：turtle.setup(width=0.5, height=0.75, startx=None, starty=None)。

功能：设置绘图区域的大小和起始位置，画布参数的含义如图 8-1 所示。

参数说明：参数 width 和 height 为整数时，分别表示画布的宽和高（单位为像素）；若为小数，则表示占据计算机屏幕的比例。startx 和 starty 表示绘图矩形窗口左上角顶点的位置，如果为空，则窗口位于屏幕中心。

示例如下：

```
>>>turtle.setup(width=0.6, height=0.6)
>>>turtle.setup(width=800, height=600, startx=100, starty=100)
```

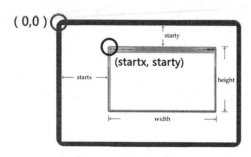

图 8-1　画布参数的含义

2. 画笔函数

绘图时，以画布中心为坐标原点（0,0），画布右方为 x 轴方向。具体坐标体系如图 8-2 所示。

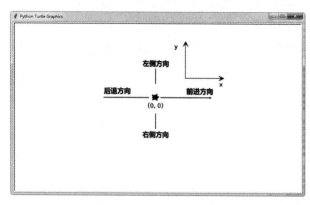

图 8-2　turtle 库绘图坐标体系

与画笔属性相关的函数如下。

（1）pensize()函数

语法：turtle.pensize(width=None)。

功能：设置画笔的宽度。

参数说明：参数 width 为画笔的宽度（单位为像素），如果为空，则返回当前画笔的宽度。

示例如下：

```
turtle.pensize(10)
```

（2）pencolor()函数

语法：turtle.pencolor(*args=None)。

功能：设置画笔的颜色。

参数说明：没有参数传入，返回当前画笔颜色；传入参数设置画笔的颜色，可以是字符串，如"green"和"red"，也可以是 RGB 三元组。

示例如下：

```
>>> pencolor("brown")
>>> tup = (0.2, 0.8, 0.55)
>>> pencolor(tup)
```

（3）speed()函数

语法：turtle.speed()。

功能：设置画笔移动的速度。

参数说明：参数 speed 的范围是[0,10]，需为整数，数字越大表示绘制越快，数字为 0 时表示不延迟。

示例如下：

```
>>> turtle.speed(5)
```

操纵海龟绘图的命令有许多，这些命令可以划分为 3 种：画笔运动命令、画笔控制命令和全局控制命令，由于函数较多，下面直接以表格的形式进行介绍。

画笔运动命令如表 8-1 所示。

表 8–1　画笔运动命令

命令	命令说明
turtle.forward(distance)	向当前画笔方向移动 distance 像素长度
turtle.backward(distance)	向当前画笔相反方向移动 distance 像素长度
turtle.right(degree)	顺时针移动 degree 度
turtle.left(degree)	逆时针移动 degree 度
turtle.pendown()	画笔移动时绘制图形，缺省时也为绘制
turtle.goto(x,y)	将画笔移动到坐标为 (x,y) 的位置
turtle.penup()	提起笔移动，不绘制图形，在另外一个地方开始绘制
turtle.circle(radius, extent=None, steps=None)	画圆，半径 radius 为正（负），表示圆心在画笔的左侧（右侧）；extent 为弧度（可选），控制画圆弧；steps 表示画半径为 radius 的圆内切正多边形的边数（可选）
turtle.setx(x)	设置画笔向 x 方向移动的距离，值为实数
turtle.sety(y)	设置画笔向 y 方向移动的距离，值为实数
turtle.setheading(angle)	设置当前朝向为 angle 角度
turtle.home()	设置当前画笔位置为原点
turtle.dot(r)	绘制一个指定直径和颜色的圆点

画笔控制命令如表 8-2 所示。

表 8–2　画笔控制命令

命令	命令说明
turtle.seth (degree)	turtle 朝向，degree 代表角度
turtle.fillcolor(colorstring)	绘制图形的填充颜色
turtle.color(color1, color2)	同时设置 pencolor=color1, fillcolor=color2
turtle.filling()	返回当前是否在填充状态
turtle.begin_fill()	准备开始填充图形
turtle.end_fill()	填充完成
turtle.hideturtle()	隐藏箭头
turtle.showturtle()	与 hideturtle()函数对应，显示箭头

全局控制命令如表 8-3 所示。

表 8-3　全局控制命令

命令	命令说明
turtle.clear()	清空 turtle 窗口，但是 turtle 的位置和状态不会改变
turtle.reset()	清空窗口，重置 turtle 状态为起始状态
turtle.undo()	撤销上一个 turtle 动作
turtle.isvisible()	返回当前 turtle 是否可见
turtle.stamp()	复制当前图形
turtle.write(s[,font=("font-name", font_size,"font_type")])	写文本，s 为文本内容，font 是字体的参数，里面分别为字体的名称、大小和类型；font 为可选项，font 的参数也是可选项

下面结合 turtle 库给出一些应用实例。

【例 8-1】绘制多个同心圆。

参考代码如下：

```
#exp8-1.py
import turtle as t
def DrawCctCircle(n):
    t.penup()
    t.goto(0,-n)
    t.pendown()
    t.circle(n)
t.pensize(5)                    #画笔的宽度
t.speed(10)                     #画笔移动的速度
for i in range(20,120,20):
    DrawCctCircle(i)            #调用函数画圆
t.hideturtle()                  #隐藏海龟
t.done()
```

运行结果如图 8-3 所示。

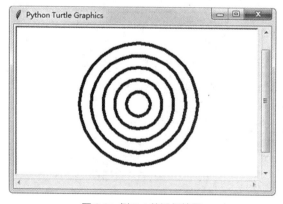

图 8-3　例 8-1 的运行结果

【例 8-2】绘制正方形螺旋线。

参考代码 1 如下：

```
#exp8-2-1.py
import turtle
n = 10
```

```
for i in range(1,37,1):
    turtle.lt(90)
    turtle.fd(n)
    n += 10
```

参考代码 2 如下：

```
#exp8-2-2.py
import turtle
n = 10
for i in range(1,10,1):
    for j in [90,180,-90,0]:     #4 个方向的偏转角度
        turtle.seth(j)           #设置海龟的朝向
        turtle.fd(n)
        n += 10
```

运行结果如图 8-4 所示。

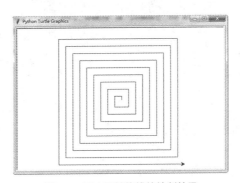

图 8-4　正方形螺旋线的绘制效果

【例 8-3】连续画出相同半径圆的内接三角形到七边形，中间间隔适当的距离。

参考代码如下：

```
#exp8-3.py
from turtle import *
colorset=['green','red','yellow','brown','pink']#准备好颜色列表，循环使用
for i in range(5):
    begin_fill()                 #准备填充颜色
    penup()                      #画笔抬起
    goto(-200+120*i,-50)
    pendown()
    circle(50,steps=3+i)         #画某个多边形
    fillcolor(colorset[i])       #填充颜色
    end_fill()                   #填充结束
hideturtle()                     #隐藏海龟
done()
```

运行结果如图 8-5 所示。

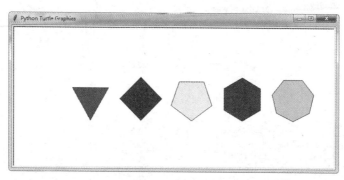

图 8-5　例 8-3 的运行结果

【例 8-4】绘制填充红色的五角星。

参考代码如下：

```
#exp8-4.py
from turtle import *
setup(400,400)
penup()
goto(-100,50)
pendown()
color("red")
begin_fill()
for i in range(5):
    forward(200)
    right(144)
end_fill()
hideturtle()
done()
```

运行结果如图 8-6 所示。

图 8-6　例 8-4 的运行结果

【例 8-5】绘制树形图。

分析：画整棵树的方法和画树枝的方法是一样的，变化的是主干长度，因此可以考虑用递归的方法来实现。

参考代码如下：

```
#exp8-5.py
import turtle as t
def tree(length,level):              #树的层次
    if level <= 0:
        return
    t.forward(length)                #前进方向画 length 像素长度
    t.left(45)
    tree(0.6*length,level-1)         #递归绘制左分支，主干长度减至 60%
    t.right(90)
    tree(0.6*length,level-1)         #递归绘制右分支，主干长度减至 60%
    t.left(45)
    t.backward(length)
    return
t.speed(0)
t.pensize(3)
t.color('green')
t.left(90)
tree(100,6)
```

运行结果如图 8-7 所示。

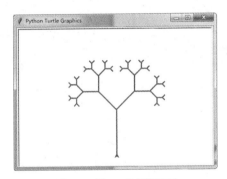

图 8-7　例 8-5 的运行结果

　学完 turtle 库后，大家可以了解一下中国国旗的历史由来，然后尝试利用 turtle 库绘制中国国旗，进一步培养爱国主义情怀。

8.1.2　random 库

Python 内置的 random 库主要用于生成伪随机数序列。之所以称为伪随机数，是因为该随机数是按照一定的算法生成的，当种子一样时，随机数也是确定的、可预见的。表 8-4 列出了 random 库常用的随机数生成函数。

表 8-4　random 库常用的随机数生成函数

函数	功能
randint(a,b)	生成一个[a,b]的随机整数
random()	生成一个[0,1)的随机浮点数
randrange(start,stop[,step])	生成一个[start,stop]以 step 为步长的随机整数

函数	功能
sample(list,k)	从 list 序列中随机获取 k 个元素，生成一个新序列，以列表类型返回。sample 不改变原来的序列
seed (a=None)	改变随机数生成器的种子，默认参数值为当前系统时间
shuffle(a)	将序列 a 中的元素顺序打乱后作为返回值
uniform(a,b)	生成一个[a,b]的随机浮点数，区间可以不是整数
choice(seq)	从 seq 随机返回一个元素
getrandbits(k)	生成一个 k 比特长度的随机整数

【例 8-6】random 库的应用。

```
#exp8-6.py
import random #使用 random 模块
print("=====random.seed(x)======")
random.seed(1234)
print("====random.randint(n,m)====")
#生成 n~m 的随机整数 int，结果∈[n,m]
#n 和 m 必须都是整数，且 m>n 或 m==n，若 m<n 则将语法错误
num = random.randint(1,100)   #one random int
print(type(num))              #<type 'int'>
print("num=",num)             #num ∈ [1,100]
print(random.randint(1,1))    #must be 1
print("\n====random.random()====")
#生成 0~1 的随机浮点数 float，结果∈[0.0,1.0)
num =(random.random())        #one random float
print(type(num))              #<type 'float'>
print("num=",num)             #num ∈ [0.0,1.0)
print("====random.uniform(a,b)====")
#生成 a~b 的随机浮点数 float，结果∈[a,b]
#a 和 b 不用必须都是整数(或浮点数)，a>b，a<b，a==b 都合法
print(random.uniform(0,1))
print(random.uniform(1,0))
print(random.uniform(2.5,3.0))
print(random.uniform(3.0,2.5))
print(random.uniform(6,6))         #must be 6.0
print(random.uniform(6,6.0))       #must be 6.0
print(random.uniform(6.5, 6.5))    #must be 6.5
print("===random.choice(seq)===")
#从序列中随机选一个元素，序列中的元素类型无限定
print(random.choice([0,6,8,9]))       #list
print(random.choice("happy life"))    #string
print(random.choice(["good","fine"])) #string list
print(random.choice((0,6,8,9)))       #tuple
print("====random.randrange(start, stop, step)====")
#生成一个从 start 直到 stop(不包括 stop)，间隔为 step 的随机整数
#start、stop、step 必须都是整数
#必须 start < stop，start 默认是 0，step 默认是 1
```

```
#制订 step 时，必须指定 start
#效果等同于 random.choice(range(start,stop,step))
start = 2
stop = 8
step = 2
print(random.randrange(start,stop,step))       #[2,4,6]中的一个随机数
print(random.randrange(start,stop))            #[2,3,4,5,6,7]中的一个随机数
print(random.randrange(stop))                  #[0,1,2,3,4,5,6,7,8]中的一个随机数
print("======random.sample(seq, k)====")
#从 seq 序列中随机获取 k 个元素，生成一个新序列
print(random.sample([3,6,9,12,15],3))
print("======random.shuffle(seq)======")
#效果是把 seq 中的元素顺序打乱
seq = [3,6,9,12,15]
print(seq)                #[3,6,9,12,15]
random.shuffle(seq)
print(seq)                #顺序打乱后的列表
```

运行结果：

```
======random.seed(x)======
====random.randint(n,m)====
<class 'int'>
num= 100
1
====random.random()====
<class 'float'>
num= 0.11685051774599753
====random.uniform(a,b)====
0.09064360641670188
0.05746523336120701
2.903501203589989
2.982536916913228
6.0
6.0
6.5
===random.choice(seq)===
0
h
good
8
====random.randrange(start, stop, step)====
6
6
7
======random.sample(seq, k)====
[15, 12, 3]
======random.shuffle(seq)======
[3, 6, 9, 12, 15]
[12, 15, 9, 6, 3]
```

8.1.3　time 库

time 库是 Python 用于获取系统时间的标准库，使用前需要将其导入 import time。使用库函数的方法是 time.方法()。下面重点介绍本库中的几个常用函数。

（1）time()函数

语法：time.time()。

功能：获取当前时间戳，也就是计算机内部的时间值，为浮点数。该值为 1970 年 1 月 1 日后经过的浮点秒数。

示例如下：

```
>>> import time
>>> time.time()
1558921379.2954187
```

（2）ctime()函数

语法：time.ctime()。

功能：返回当前时间的字符串形式，表示为易读的当前时间结果。

示例如下：

```
>>> time.ctime()
'Mon May 27 09:46:13 2019'
```

（3）gmtime()函数

语法：time.gmtime()。

功能：获取当前时间，表示为计算机可处理的时间格式。

示例如下：

```
>>> time.gmtime()

time.struct_time(tm_year=2019, tm_mon=5, tm_mday=27, tm_hour=1, tm_min=48,
tm_sec=12, tm_wday=0, tm_yday=147, tm_isdst=0)

>>> t=time.gmtime()
>>> t.tm_year

2019
```

（4）strftime()函数

语法：time.strftime(tpl, ts)。

功能：tpl 是格式化模板字符串，用来定义输出效果；ts 是计算机内部的时间类型变量。本函数的功能是按所定义的时间格式输出系统当前的时间。模板字符串中的格式字符如表 8-5 所示。

表 8-5　模板字符串中的格式字符

串格式字符	说明	范围
%Y	年份	0000~9999
%m	月份	01~12

串格式字符	说明	范围
%B	月份名称	January~December
%b	月份缩写	Jan~Dec
%d	日期	01~31
%A	星期	Monday~Sunday
%a	星期缩写	Mon~Sun
%H	小时（24 小时制）	00~23
%h	小时（12 小时制）	01~12
%p	上/下午	AM/PM
%M	分钟	00~59
%S	秒	00~59

示例如下：

```
>>> t=time.gmtime()
>>> time.strftime("%Y-%m-%d %h:%M:%S" ,t)

'2019-05-27 May:49:18'
```

（5）strptime()函数

语法：time.strptime(str,tpl)。

功能：将时间字符串变成时间的变量。其中，str 是字符串形式的时间值；tpl 是格式化模板字符串，用来定义输入效果。

示例如下：

```
>>> str="2019-05-27 13:56:30"
>>> time.strptime(str,"%Y-%m-%d %H:%M:%S")

time.struct_time(tm_year=2019, tm_mon=5, tm_mday=27, tm_hour=13, tm_min=56,
tm_sec=30, tm_wday=0, tm_yday=147, tm_isdst=-1)
```

（6）perf_counter()函数

语法：time.perf_counter()。

功能：返回一个 CPU 级别的精确时间计数值，单位为秒。由于起点不确定，所以需要调用两次，然后计算差值才有意义，可以使用这种方式统计程序运行的时间。

示例如下：

```
>>> t1=time.perf_counter()
>>> t2=time.perf_counter()
>>> t2-t1

9.682020400999136
```

【例 8-7】perf_counter()函数的应用。

参考代码如下：

```
#exp8-7.py
import random
import time
```

```
DAR = 1000*1000
hit = 0
start = time.perf_counter()
for i in range(1, DAR+1):
    x, y = random.random(), random.random()
    d = pow(x**2+y**2, 0.5)
    if d <= 1:
        hit += 1
pi = 4 * (hit / DAR)
end = time.perf_counter()
print("π 的值是: {:.6f}".format(pi))
print("运行时间是:{:.3f}s".format(end-start))
```

运行结果：

Π 的值是: 3.140492

运行时间是:0.898s

（7）sleep()函数

语法：time.sleep(s)。

功能：让程序休眠 s 秒，s 可以是浮点数。

示例如下：

```
>>> time.sleep(3.3)    #程序将在 3.3 秒后退出
```

8.1.4 datetime 库

datetime 库以类的方式提供了多种日期和时间的表达方式，可以理解为是基于 time 标准库进行的封装，它提供了更多实用的函数。相比于 time 库，datetime 库的接口更直观、更容易调用。datetime 库共定义了两个常量和 5 个类。两个常量分别是 MINYEAR=1 和 MAXYEAR=9999，5 个类分别如下。

date 类：表示日期的类。

time 类：表示时间的类。

datetime 类：表示时间日期的类。

timedelta 类：表示两个 datetime 对象的差值。

tzinfo 类：表示时区的相关信息。

使用时用如下格式导入相应的类。

```
from datetime import date
from datetime import time
from datetime import datetime
from datetime import timedelta
from datetime import tzinfo
from datetime import *        #全部导入
```

1. date 类

date 类包含 3 个参数，分别为 year、month、day，返回格式为 year-month-day。构造 date 类对象

的方法如下：

```
datetime.date(year, month, day)
```

（1）构造函数

__new__(year,month,day)：默认的构造函数，创建 date 类的对象时直接传入 year、month、day 这 3 个参数即可返回对应的日期。

fromtimestamp(t)：使用时间戳构造对象，使用方法为 datetime.date.fromtimestamp(t)，传入参数 t 为一个时间戳，返回时间戳 t 对应的日期。

today()：使用今天的日期构造对象，使用方法为 datetime.date.today()，无参数，返回今天的日期。

fromordinal(n)：使用日期序数构造对象，使用方法为 datetime.date.fromordinal(n)，传入参数为一个整数序数，代表从公元 1 年 1 月 1 日开始的序数，序数每增加 1 代表增加 1 天，返回最终计算出的日期。

（2）方法

timetuple()：返回日期对应的 time.struct_time 对象，格式为 time.struct_time(tm_year=1, tm_mon=1, tm_mday=2, tm_hour=0, tm_min=0, tm_sec=0, tm_wday=1, tm_yday=2, tm_isdst=−1)。

toordinal()：相当于 fromordinal(n)的逆过程，返回值即为 fromordinal(n)中的日期序数 n。

weekday()：返回该日期对应星期几，用[0,6]代表星期一到星期日。

isoweekday()：作用同 weekday()，用[1,7]代表星期一到星期日。

isocalendar()：返回一个三元组，格式为(year,week_number,weekday)，分别代表年、第几周、星期几。

isoformat()：返回标准日期格式 YYYY-MM-DD。

ctime()：返回格式为 Sat Sep 8 00:00:00 2023。

strftime(format)：把日期按照 format 指定的格式进行格式化，具体的格式化符号参考表 8-5。

replace(year,month,day)：传入参数为 year、month、day，返回对应的新日期。

示例如下：

```
>>> import datetime
>>> import time
>>> datetime.date.max
datetime.date(9999, 12, 31)

>>> datetime.date.today()
datetime.date(2023, 5, 28)

>>> now=time.time()                        #取今天的日期
>>> datetime.date.fromtimestamp(now)       #根据给定的时间戳返回一个 date 对象
datetime.date(2023, 5, 28)
>>> s=datetime.date.today()
>>> datetime.date.weekday(s)               #返回该日期是一周中的第几天，周一返回 0
1

>>> datetime.date.isoweekday(s)            #返回 weekday 中的星期几
```

```
2
```

```
>>> datetime.date.isocalendar(s)
#返回 date 类型对象中的 year（年）、week（周）、weekday（一周中的第几天），返回值是一个元组
(2023, 22, 2)
```

```
>>> s.strftime("%Y-%m-%d %H:%M:%S")    #返回自定义格式的时间字符串
'2023-05-28 00:00:00'
```

2. time 类

time 类包含 6 个参数，分别为 hour、minute、second、microsecond、tzinfo、fold，返回格式为 hour:minute:second(.microsecond)。构造 time 类对象的方法如下：

```
datetime.time(hour[ , minute[ , second[ , microsecond[ , tzinfo] ] ] ] )
```

（1）构造函数

__new__(hour=0, minute=0, second=0, microsecond=0, tzinfo=None, fold=0)：默认的构造函数，创建 time 类的对象时直接传入相应的参数即可返回对应的时间。

（2）方法

isoformat()：返回标准时间格式 HH:MM:SS.mmmmmm+zz:zz。

strftime(format)：把时间按照 format 指定的格式进行格式化，具体的格式化符号参考表 8-5。

utcoffset()：返回 timezone 的偏移量。

tzname()：返回 timezone 的名称。

replace()：传入对应的参数，返回新的时间。

示例如下：

```
>>> from datetime import time
>>> time.max
datetime.time(23, 59, 59, 999999)

>>> time.min
datetime.time(0, 0)

>>> time.resolution
datetime.timedelta(microseconds=1)

>>> t=datetime.time(10,25,30)
>>> t.hour
10

>>> t.minute
25

>>> t.second
30

>>> t.microsecond
0
```

3. datetime 类

datetime 类相当于 date 类和 time 类结合起来，它包含前两个类的全部参数。构造 datetime 类对象的方法如下：

```
datetime.datetime(year, month, day[ , hour[ , minute[ , second[ , microsecond[ ,
tzinfo] ] ] ] ] )
```

（1）构造函数

__new__(year, month, day, hour=0, minute=0, second=0,microsecond=0, tzinfo=None, fold=0)：默认的构造函数，创建 datetime 类的对象时直接传入相应的参数即可返回对应的日期和时间。

fromtimestamp(t)：使用时间戳构造对象，传入参数 t 为一个时间戳，返回时间戳 t 对应的日期和时间。

utcfromtimestamp(t)：使用时间戳构造对象，传入参数 t 为一个时间戳，返回时间戳 t 对应的 UTC（世界标准时间，含日期）。

now()：使用当前日期和时间构造对象，无参数，返回当前的日期和时间。

utcnow()：使用当前日期和时间构造对象，无参数，返回当前的世界标准日期和时间。

combine(date,time)：使用 date 和 time 构造对象，传入参数为 1 个 date 对象和 1 个 time 对象，返回计算出的日期。

（2）方法

timetuple()：返回日期时间对应的 time.struct_time 对象，格式为 time.struct_time(tm_year=1973, tm_mon=11, tm_mday=29, tm_hour=21, tm_min=33, tm_sec=9, tm_wday=3, tm_yday=333, tm_isdst=−1)。

utctimetuple()：与 timetuple()相似，返回日期时间对应的世界标准时间 time.struct_time 对象。

astimezone()：返回的格式中加入时区信息，格式为 1973-11-29 21:33:09+08:00。

date()：返回 date 部分。

time()：返回 time 部分，tzinfo 设置为 None。

isoformat(sep)：返回标准日期时间格式，传入参数 sep 可设置日期和时间的分隔符，默认为'T'，即 1973-11-29T21:33:09。

ctime()：返回格式为 Sat Sep 8 00:00:00 2018

strftime(format)：把日期按照 format 指定的格式进行格式化，具体的格式化符号参考表 8-5。

strptime(date_string,format)：将字符串格式转换为日期格式，具体的格式化符号参考表 8-5。

replace()：传入对应的参数，返回新的日期时间。

示例如下：

```
>>> from datetime import datetime
>>> from datetime import time
>>> datetime.today()          #返回一个表示当前本地时间的 datetime 对象
datetime.datetime(2023, 5, 28, 10, 10, 53, 391843)

>>> datetime.utcnow()          #返回一个当前世界标准时间的 datetime 对象
datetime.datetime(2023, 5, 28, 2, 11, 37, 20620)

>>> d=datetime.date(2023,5,30)
```

```
>>> t=time(8,30,25)
>>> datetime.combine(d,t)    #根据 date 和 time 对象，创建一个 datetime 对象
datetime.datetime(2023, 5, 30, 8, 30, 25)
```

4. timedelta 类

timedelta 类代表两个 datetime 对象之间的时间差。使用 timedelta 可以很方便地在日期上做天、小时、分钟、秒、毫秒和微秒的时间计算，如果要计算月份，则需要另外的办法。

（1）构造函数

__new__(days=0, seconds=0, microseconds=0,milliseconds=0, minutes=0, hours=0, weeks=0)：默认的构造函数，创建 timedelta 类的对象时直接传入相应的参数即可返回对应单位的时间差。

（2）方法

支持两个 timedelta 对象之间的加、减操作。

支持对一个 timedelta 进行取正、取负、取绝对值等操作。

支持两个 timedelta 对象之间的比较。

支持一个 timedelta 对象乘以、除以一个整数的操作。

示例如下：

```
>>> from datetime import *
>>> dt = datetime.now()
>>> dt1= dt + timedelta(days=-1)    #昨天
datetime.datetime(2023, 5, 27, 10, 21, 56, 136555)

>>> dt2= dt - timedelta(days=1)    #昨天
datetime.datetime(2023, 5, 27, 10, 21, 56, 136555)

>>> dt3= dt + timedelta(days=1)    #明天
datetime.datetime(2023, 5, 29, 10, 21, 56, 136555)

>>> delta_obj=dt3-dt1
datetime.timedelta(days=2)
```

5. tzinfo 类

tzinfo 类是一个虚拟基类，代表时区（time zone），创建子类时必须重写 name()、utcoffset()和 dst()这 3 个方法。

小箱

学完本模块后，大家可以调用 time 库模块，尝试设计一个计时器，实现开始、结束、统计功能。借此提醒大家应该珍惜时光，努力实现自我价值。

8.2 Python 第三方库

本书将 Python 内置的库称为标准库，其他库统称为第三方库，由全球开发者分布式维护。第三方库需要单独安装后才能使用，第 1 章已经介绍过利用 pip 命令进行第三方库的下载和安装，本节重

numpy 库

点介绍几个典型第三方库的用法，包括 numpy 库、pandas 库、jieba 库、wordcloud 库和 Pyinstaller 库。

8.2.1　numpy 库

numpy 库是一个用于处理含有同种元素的多维数组运算的第三方库，这个库可以用来存储和处理大型矩阵，它比列表高效。numpy 库提供了很多数值编程工具，如矩阵运算、矢量处理、N 维数据变换等，使用时常用的导入方式为 import numpy as np。在程序后序代码中，np 就可以代替 numpy。

numpy 的主要对象是多维数组，数组的维度又称为轴，轴的数量称为秩（即维数）。numpy 的数组类对象被称为 ndarray。在程序中，通过数组的 ndim、shape、size、dtype 和 itemsize 属性可以分别获得数组的秩、维度、元素总数、元素类型和元素字节大小。二维数组对象如图 8-8 所示。

图 8-8　二维数组对象示例

1. 创建数组

numpy 库中用于创建数组的函数如表 8-6 所示。

表 8-6　numpy 库中用于创建数组的函数

函数	功能
np.array([x,y,z],dtype)	数组轴的个数，也称为秩
np.arange(x,y,step)	创建一个从 x 到 y（不含 y），以 step 为步长的数组
np.linspace(x,y,n)	创建一个从 x 到 y，等分成 n 个元素的数组（等差数组）
np.indices((m,n))	创建一个 m 行 n 列的矩阵
np.random.rand(m,n)	创建一个 m 行 n 列的随机数组
np.ones([m,n],dtype)	创建一个 m 行 n 列全为 1 的数组，dtype 用于设置数据类型
np.empty((m,n),dtype)	创建一个 m 行 n 列全为 0 的数组，dtype 用于设置数据类型

2. 操作和运算

（1）数组属性的查看

设数组名为 a，可通过"数组名.属性"的方法查看数组对象的常用属性，如表 8-7 所示。

表 8-7　数组对象的常用属性

属性	功能
a.ndim	数组轴的个数，也称为秩
a.shape	数组维度组成的元组，如(3,4)表示 3 行 4 列的数组
a.size	数组元素的总个数
a.dtype	数组元素的数据类型
a.itemsize	数组元素的字节大小
a.data	包含数组元素的缓冲区地址
a.flat	数组元素的迭代器

（2）数组形态的操作

表 8-8 列出了改变数组形态的操作方法。

表 8-8 改变数组形态的操作方法

方法	功能
a.reshape(n,m)	从原数组中取出维度为 n×m 的新数组
a.resize(n,m)	将数组改变成维度为 n×m 的新数组
a.swapaxes(x1,x2)	将数组维度 x1 与 x2 互换，x1 与 x2 为轴编号
a.flatten()	将数组降为一维数组形成新的副本，对副本的修改不影响原数组
a.ravel()	同 flatten，但返回的是一个视图，对视图的修改影响原数组

（3）运算函数

表 8-9 列出了 numpy 库中的部分运算函数。

表 8-9 numpy 库中的部分运算函数

函数	功能
c=np.add(a,b)	c=a+b
c=np.substract(a,b)	c=a−b
c=np.multiply(a,b)	c=a*b
c=np.divide(a,b)	c=a/b
c=np.floor_divide(a,b)	c=a//b，整除
c=np.negative(a)	c=−a
c=np.power(a,b)	c=a**b
c=np.remainder(a,b)	c=a%b
c=np.equal(a,b)	c=a==b
c=np.not_equal(a,b)	c=a!=b
c=np.less(a,b)	c=a<b
c=np.greater(a,b)	c=a>b
c=np.abs(a)	计算 a 的绝对值
c=np.sqrt(a)	计算 a 的平方根
c=np.log(a)	计算 a 的自然对数
c=np.log10(a)	计算 a 的基于 10 的对数
c=np.log2(a)	计算 a 的基于 2 的对数

示例如下：

```
>>> a=np.array([1,2,3])
>>> a
array([1, 2, 3])

>>> b=np.linspace(1,10,4)
>>> b
array([ 1.,  4.,  7., 10.])

>>> c=np.random.rand(3,4)
>>> c
array([[0.48453942, 0.11122038, 0.61368552, 0.91118483],
       [0.93949688, 0.04202716, 0.89384067, 0.16209433],
       [0.74457258, 0.61103288, 0.13929722, 0.44725414]])

>>> c.shape
(3, 4)

>>> d=np.array([[1,2,3],[4,5,6]])
>>> d
array([[1, 2, 3],
```

```
              [4, 5, 6]])

>>> d.flatten()
array([1, 2, 3, 4, 5, 6])

>>> d.ravel()
array([1, 2, 3, 4, 5, 6])
>>> d1=np.array([[1,2,3],[4,5,6]])
>>> d2=np.array([[10,20,30],[40,50,60]])
>>> c=np.add(d1,d2)
>>> c
array([[11, 22, 33],
       [44, 55, 66]])
```

8.2.2　pandas 库

pandas 库是 Python 的一个数据分析包，该工具为解决数据分析任务而创建。pandas 库是以字典形式基于 numpy 创建的，其中纳入了大量库和标准数据模型，提供高效的操作数据集所需的工具，能使我们快速便捷地处理数据，让以 numpy 为中心的应用变得更加简单。相比较于 numpy，pandas 可以存储混合的数据结构，同时使用 NaN 来表示缺失的数据。加载 pandas 库的方法为 import pandas as pd。

pandas 库

Pandas 提供两种最基本的数据结构：Series 和 DataFrame，分别代表一维数组和二维数组类型。

1. Series 对象

字典由无序的键值对构成，而 Series 对象可以看成一种有序的字典，它的元素由数据和索引构成，可以用 pandas 库的 Series() 函数，利用列表、字典或 ndarrray 对象来创建，如下所示。

```
>>> import numpy as np
>>> import pandas as pd
>>> s=pd.Series([1,2,3,np.nan,5,6])
>>> print(s)#索引在左边，值在右边
0    1.0
1    2.0
2    3.0
3    NaN
4    5.0
5    6.0
dtype: float64
```

也可以在创建时用 index 参数指定索引，如下所示。

```
>>> course=pd.Series(['C','VB','Python'],index=[1,2,3])
>>> print(course)
1         C
2        VB
3    Python
dtype: object
```

还可以为已建好的 Series 修改索引，如下所示。

```
>>> s.index=[1,2,3,4,5,6]
>>> print(s)
1    1.0
2    2.0
3    3.0
4    NaN
5    5.0
6    6.0
dtype: float64
```

类似字典，可以通过 index 和 values 属性分别获取 Series 的键和值，并且支持切片操作。具体操作参考例 8-8。

【例 8-8】Series 的取值与切片。

```
from pandas import Series
import pandas as pd
s = Series([10, 20, 30, 40], index=list('abcd'))
print(s[2])                #通过位置查询
print(s['b'])              #通过标签索引查询
print(s[[0, 2, 3]])        #查询多个元素
print(s[['a', 'c', 'd']])
print(s[1:3])              #切片
print(s['b':'d'])
print(s[s > 20])           #布尔索引
```

运行结果：

```
30
20
a    10
c    30
d    40
dtype: int64
a    10
c    30
d    40
dtype: int64
b    20
c    30
dtype: int64
b    20
c    30
d    40
dtype: int64
c    30
d    40
dtype: int64
```

Series 数据还有一个重要功能——数据对齐，即寻找两列数据中相同的数据，如下所示。

```
>>> data={'apple':6,'lemon':10,'peach':5}
>>> sindex=['apple','peach','orange','lemon']
>>> data2=pd.Series(data,index=sindex)
>>> data2
apple      6.0
peach      5.0
orange     NaN
lemon     10.0
dtype: float64
```

2. DataFrame 对象

DataFrame 对象是二维表格型数据结构，包含一组有序的列，每列可以是不同的值类型。DataFrame 有行索引和列索引，可以看成由 Series 组成的字典。

（1）创建 DataFrame 对象

可以使用 pandas 的 DataFrame()函数，由列表、元组、字典、ndarray 对象、Series 对象等数据来创建 DataFrame 对象，如下所示。

```
>>> import numpy as np
>>> import pandas as pd
>>> data={'Course':['Chinese','Math','English'],'Score':[88,90,82]}
>>> dfA=pd.DataFrame(data)
>>> dfA
    Course  Score
0  Chinese     88
1     Math     90
2  English     82
>>> num=range(1,7)
#随机生成 6 行 4 列 60~100 的整数作为二维数据源
>>> dfB = pd.DataFrame(np.random.randint(60,100,size=(6,4)), index=num, columns=['A','B','C','D'])
>>> dfB
    A   B   C   D
1  91  78  96  75
2  85  80  97  69
3  98  71  69  79
4  94  63  70  98
5  77  63  82  92
6  81  70  69  98

>>> dfA.index
RangeIndex(start=0, stop=3, step=1)

>>> dfA.columns
Index(['Course', 'Score'], dtype='object')

>>> dfA.values
array([['Chinese', 88],
       ['Math', 90],
```

```
                  ['English', 82]], dtype=object)
```

（2）DataFrame 对象的基本操作

基本操作主要是指对二维表格的行列数据进行增、删和改。

① 添加列：直接赋值即可。

```
>>> dfA['grade']=['B','A','B']
>>> dfA
     Course   Score   grade
0   Chinese     88      B
1      Math     90      A
2   English     82      B
```

② 添加行：可以利用 DataFrame 对象的标签（loc）或位置（iloc）添加行。

```
>>> dfA.loc[3]={'Course':'Physics', 'Score':72, 'grade':'C'}
>>> dfA
     Course   Score grade
0   Chinese     88      B
1      Math     90      A
2   English     82      B
3   Physics     72      C
```

③ 删除元素。

pandas 中常用 drop()方法删除指定轴上的数据，这个方法会返回一个新的对象，不会删除原始
数据。

```
>>> dfA.drop(3)   #删除标签为 3 的行
     Course   Score  grade
0   Chinese     88      B
1      Math     90      A
2   English     82      B

>>> dfA.drop('grade',axis=1)   #删除 grade 列
     Course   Score
0   Chinese     88
1      Math     90
2   English     82
3   Physics     72
```

④ 修改元素。

```
>>> dfA['grade']='A'   #直接将 grade 列改为 A
>>> dfA
     Course   Score   grade
0   Chinese     88      A
1      Math     90      A
2   English     82      A
3   Physics     72      A

>>> dfA.loc[3]=['Physics', 82, 'B']   #修改标签为 3 的行数据
```

```
>>> dfA
    Course  Score  grade
0  Chinese    88     A
1     Math    90     A
2  English    82     A
3  Physics    82     B
```

（3）DataFrame 对象的文件存取操作

为了支持数据文件的读写，需要先安装 xlrd 库和 openpyxl 库。

```
pip install xlrd
pip install openpyxl
```

设有数据文件 score.xlsx，其中 Sheet1 中的内容如下。

```
nameA    B   C   total
Bob  97  81  75  253
Tom  83  90  92  265
Jone     88  85  84  257
Kate     69  78  86  233
Ken  75  83  71  229
```

如下代码可以通过 pandas 的 read_excel 函数将数据文件 score.xlsx 中 Sheet1 中的内容读入 DataFrame 对象的 data 中，并可以通过 DataFrame 对象的 to_excel 函数将读入的数据写入指定的文件中。

```
import pandas as pd
data=pd.DataFrame(pd.read_excel(score.xlsx','Sheet1'))
print(data)
data.to_excel('score2.xlsx',sheet_name='score')
```

8.2.3　jieba 库

jieba 库

jieba 库是目前最好的 Python 中文分词组件，它主要支持 3 种分词模式：精确模式、全模式、搜索引擎模式，同时支持繁体分词和自定义词典。jieba 库的分词原理是利用一个中文词库，将待分词的内容与分词库进行比对，通过图结构和动态规划法找到最大概率的词组。

1. jieba 的安装与使用

安装命令如下：

```
pip install jieba
```

使用命令如下：

```
import jieba
```

2. 分词模式

（1）全模式

参数 cut_all 为 True，它试图将句子精确地切开，适合文本分析，输出的是有多种可能的分词组合。举例如下：

```
>>> import jieba
>>> str='我是一个爱国的中国人'
>>> word1=jieba.cut(str,cut_all=True)
>>> for item in word1:print(item)
```

运行结果：

```
我
是
一个
爱国
的
中国
国人
```

（2）精确模式

参数 cut_all 为 False，在没有参数 cut_all 的情况下，默认为精确模式。它把句子中所有的词语都扫描出来，速度快，但不能解决歧义。举例如下：

```
>>> word2=jieba.cut(str,cut_all=False)
>>> for item in word2:   print(item)
```

运行结果：

```
我
是
一个
爱国
的
中国
人
```

（3）搜索引擎模式

使用 cut_for_search 方法，在精确模式的基础上，对长词再次切分，提高召回率，适合用于搜索引擎分词。举例如下：

```
>>> word3 = jieba.cut_for_search(str)
>>> for item in word3: print(item)
```

运行结果：

```
我
是
一个
爱国
```

的
中国
人

3. 词性标注

使用 jieba.posseg 可以对词性进行标注。词性说明如表 8-10 所示。举例如下：

```
>>> import jieba.posseg
>>> word4 = jieba.posseg.cut(str)
>>> for item in word4:
    print(item.word+"--"+item.flag)
```

运行结果：

```
我--r
是--v
一个--m
爱国--ns
的--uj
中国--ns
人--n
```

表 8-10　词性说明

词性	说明	词性	说明
a	形容词	nt	机构团体
c	连词	nz	其他专有名词
d	副词	p	介词
e	叹词	r	代词
f	方位词	t	时间
i	成语	u	助词
m	数量词	v	动词
n	名词	uv	动名词
nr	人名	x	标点符号
ns	地名	un	未知词语

4. 自定义词库

当分词系统无法识别某些新词时，可以通过文件的形式自定义词库，在分词前先行导入，然后正常分词。

例如，先对"雷子是创新办主任，也是大数据方面的专家"做一次分词。

```
>>> import jieba
>>> import jieba.posseg
>>> str="雷子是创新办主任，也是大数据方面的专家"
>>> word4= jieba.posseg.cut(str)
>>> for item in word4: print(item.word+"--"+item.flag)
```

运行结果：

```
雷子--nr
是--v
创新--v
办--v
主任--b
，--x
也--d
是--v
大--a
数据--n
方面--n
的--uj
专家--n
```

分析："创新办"没有被当成词语，原因就是词库中没有这个词语，为此，我们新建一个词库，文件名为"userdict.txt"，使用 UTF-8 编码格式，放在系统路径下，也可以放在指定路径下（这里存放在 D 盘）。新建词库的内容如图 8-9 所示。

图 8-9　新建词库的内容

接下来引入该词库并进行分词。

```
>>> jieba.load_userdict("D:/userdict.txt")
>>> word5 = jieba.posseg.cut(str)
>>> for item in word5: print(item.word+"--"+item.flag)
```

运行结果：

```
雷子--nr
是--v
创新办--nz
主任--b
，--x
也--d
是--v
大--a
数据--n
方面--n
```

的--uj

专家--n

从上述结果中可以看到,"创新办"已经变成一个专有名词了。另外,也可以通过 jieba.add_word(w) 的形式向分词词库中增加新词 w。

8.2.4　wordcloud 库

wordcloud – Pyinstaller 库

wordcloud 库是专门用于根据文本生成词云的 Python 第三方库,生成原理是以词语为单位,根据其在文本中出现的频率设计不同大小,形成视觉上的不同效果,而词云的大小、颜色、形状等都是可以设定的,最终以图片的方式展示出效果。以下是产生一个词云的简单过程。

```
>>> import wordcloud
>>> w=wordcloud.WordCloud()
>>> w.generate("I like Python and wordcloud")
<wordcloud.wordcloud.WordCloud object at 0x0000000002FC15F8>
>>> w.to_file("D:/picture.jpg")
<wordcloud.wordcloud.WordCloud object at 0x0000000002FC15F8>
```

简单词云的展示效果如图 8-10 所示。

wordcloud 库把词云当作 WordCloud 类的一个对象,使用时,调用其 generate(txt)方法将文本转换为词云。WordCloud 类在创建对象时有一些可选参数,用于配置词云图片,常用参数如表 8-11 所示。WordCloud 类的常用方法如表 8-12 所示。

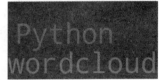

图 8-10　简单词云的展示效果

表 8–11　WordCloud 类创建对象的常用参数

参数	功能
font_path	字体文件的路径
width	生成词云图片宽度,默认为 400 像素
height	生成词云图片高度,默认为 200 像素
mask	词云形状,默认为方形图
min_font_size	词云中最小的字号,默认为 4 号
font_step	字号增长步长,默认为 1
max_font_size	词云中最大的字号,默认为 None,根据高度自动调节
max_words	词云中的最大词数,默认为 200
stopwords	被排除词列表(排除词不在词云中显示)
background_color	图片背景颜色,默认为黑色

表 8–12　WordCloud 类的常用方法

方法	功能
generate(text)	由 text 文本生成词云
to_file(filename)	将词云图保存为 filename 文件,一般支持.png 和.jpg 格式

生成词云时,wordcloud 库一般会以空格或标点符号对目标文本进行分词处理。若是中文文本,则分词处理需要由用户完成,一般是先将文本分词,然后以空格拼接,再调用 wordcloud 库函数生成词云(需要指定中文字体)。详细过程如例 8-9 所示。

【例 8-9】中文词云生成示例。

```
import jieba                          #导入分词库
from wordcloud import WordCloud
string = '计算机语言指用于人与计算机之间通信的语言。计算机语言是人与计算机之间传递信息的媒介。
计算机系统最大特征是指令通过一种语言传达给机器。'
words = jieba.lcut(string)      #精确分词
text=' '.join(words)             #空格拼接
wc = WordCloud(font_path="msyh.ttc").generate(text)#字体文件要求在同路径下
wc.to_file('D:/ss.png')         #保存图片
```

运行结果如图 8-11 所示。

【例 8-10】使用字典保存 26 个英文字母和相应的频率（可以使用随机函数生成），调用 WordCloud 类生成词云。

```
import wordcloud
import random
chars = [chr(x+ord('A')) for x in range(26)] #生成26个大写英文字母
freq = [random.randint(1,100) for i in range(26)]
cf = {x[0]:x[1] for x in zip(chars,freq)}
print(cf)    #输出每个字母出现的频率
wc = wordcloud.WordCloud()
wc.fit_words(cf)
wc.to_file("ex.png")
```

运行结果如图 8-12 所示。

图 8-11　中文词云的展示效果　　　图 8-12　英文词云的展示效果

【例 8-11】指定形状词云生成示例。

wordcloud 库可以生成指定形状（以图像文件为约束）的词云。先准备一个形状图像 monkey.png，如图 8-13 所示，并准备对应的一个故事文本 monkey.txt，生成过程的代码如下。

```
from wordcloud import WordCloud
import cv2
mask=cv2.imread('monkey.png')
f=open('monkey.txt','r',encoding='utf-8')
text=f.read()
wc = WordCloud(background_color="white",\
                width=800,\
                height=600,\
                max_words=200,\
```

```
                    max_font_size=80,\
                    mask=mask,\
                    ).generate(text)
wc.to_file('monkey.jpg')
```

运行结果如图 8-14 所示。

图 8-13　形状图像　　　　　　　　图 8-14　monkey 形状的词云效果

学完本模块后，大家可以结合党的二十大报告，利用 wordcloud 库，通过词云形式展示二十大报告中的关键词。借此机会，提醒大家要认真学习和领会二十大精神，树立远大理想，实现个人价值与社会价值的有机统一。

8.2.5　Pyinstaller 库

Pyinstaller 库是一个用于发布程序的第三方库，可以将 Python 源文件(*.py)打包成可执行文件。pip 工具的安装命令为 pip install Pyinstaller。打包成可执行文件的过程如下。

在 Python 命令行环境下，运行命令"Pyinstaller -F <源程序文件名>"。

命令执行结束后，会在 C:\Users\Administrator 下或源文件所在目录下创建两个子文件夹 build 和 dist，其中可执行文件存放在 dist 文件夹下，后面运行该文件时就没有任何依赖文件了。

本章小结

本章主要介绍了 Python 的几个典型标准库和第三方库的安装和使用方法。其中，标准库为 turtle、random、datetime 和 time 库，第三方库为 numpy、pandas、jieba、wordcloud 和 Pyinstaller 库。

习题

一、选择题

1. 关于 turtle 库的 setup()函数，下列选项中描述错误的是（　　　）。

```
imort turtle
turtle.setup(0.5, turtle 库的 setup()函数,0.75)
```

A. 执行上述代码，可以获得一个宽为屏幕 50%、高为屏幕 75%的主窗口

B. turtle.setup()函数的作用是设置主窗体的大小和位置

C. turtle.setup()函数的定义为 turtle.setup(width,height,startx,starty)

D. turtle.setup()函数的作用是设置画笔的尺寸

2. turtle 库的运动控制函数是（　　）。

A. pendown()　　　　B. pensize()　　　　C. pencolor()　　　　D. goto()

3. random 库的 seed()函数的作用是（　　）。

A. 生成一个[0.0,1.0)之间的随机小数　　　B. 设置初始化随机数种子

C. 生成一个随机整数　　　D. 生成一个 k 比特长度的随机整数

4. time 库的 time.time()函数的作用是（　　）。

A. 返回系统当前的时间戳

B. 返回系统当前时间戳对应的 struct_time 对象

C. 返回系统当前时间戳对应的本地时间的 struct_time 对象

D. 返回系统当前时间戳对应的易读字符串表示

5. 下列函数中，不是 jieba 库函数的是（　　）。

A. sorted(x)　　　　B. lcut()　　　　C. lcut_for_search()　　　　D. add_word()

6. time.sleep(secs)的作用是（　　）。

A. 返回一个代表时间的精确浮点数，两次或多次调用，其差值用来计时

B. 返回系统当前时间戳对应的本地时间的 struct_time 对象

C. 将当前程序挂起 secs 秒，挂起即暂停执行

D. 返回系统当前时间戳对应的 struct_time 对象

7. 关于 jieba 库的全模式分词，下列选项中描述正确的是（　　）。

A. 适合于搜索引擎分词

B. 在精确模式的基础上，对长词再次切分，提高召回率

C. 将句子最精确地切开，适合文本分析

D. 把句子中所有可以成词的词语都扫描出来，速度非常快，但不能解决歧义

8. 关于下列代码的执行，描述错误的是（　　）。

```
import random
random.seed(10)
print(random.randrange(0,100))
```

A. 在同一台机器上，每次执行都会输出不同的随机整数

B. seed()函数用于设置初始化随机数种子

C. import random 用于导入 random 库

D. random.randrange(0,100)可生成一个 0~100 的随机整数

9. WordCloud 类的 generate 方法的功能是（　　　）。

    A. generate(text)表示在 text 路径中生成词云　　　B. generate(text)表示生成词云的宽度为 text

    C. generate(text)表示生成词云的高度为 text　　　D. generate(text)表示由 text 文本生成词云

10. WordCloud 类的 to_file 方法的功能是（　　　）。

    A. to_file(filename)表示将词云保存为名为 filename 的文件

    B. to_file(filename)表示生成词云的字体文件路径

    C. to_file(filename)表示生成词云的开关为 filename

    D. to_file(filename)表示在 filename 路径下生成词云

11. 下列关于 pip 的描述中，错误的是（　　　）。

    A. pip 几乎可以安装任何 Python 第三方库

    B. pip 的 download 子命令可以下载并安装第三方库

    C. pip 可以安装已经下载的.whl 文件

    D. Python 第三方库有 3 种安装方式，其中 pip 是最常用的方式

12. 下列选项中，不是 Python 数据分析方向的第三方库是（　　　）。

    A. requests   B. numpy   C. scipy   D. pandas

13. Python 中文分词的第三方库是（　　　）。

    A. turtle   B. jieba   C. itchat   D. time

14. 将 Python 脚本程序转变为可执行程序的第三方库是（　　　）。

    A. requests   B. pygame   C. PyQt5   D. Pyinstaller

15. Python 机器学习方向的第三方库是（　　　）。

    A. random   B. PIL   C. PyQt5   D. TensorFlow

16. Python 图形用户界面方向的第三方库是（　　　）。

    A. PyQt5   B. Scikit-learn   C. gym-super-mario-bros   D. freegames

17. Python 网络爬虫方向的第三方库是（　　　）。

    A. itchat   B. jieba   C. requests   D. time

18. Python 游戏开发方向的第三方库是（　　　）。

    A. Pygame   B. PyQt5   C. wxPython   D. PyGTK

19. PIL 库是 Python 语言重要的第三方库，用于（　　　）。

    A. 游戏开发   B. 图像处理   C. Web 开发   D. 机器学习

20. 关于 Matplotlib 的描述，下列选项中描述错误的是（　　　）。

    A. Matplotlib 主要进行二维图表数据展示，广泛用于科学计算的数据可视化

    B. Matplotlib 是提供数据绘图功能的第三方库

    C. Matplotlib 是 Python 生态中最流行的开源 Web 应用框架

    D. 使用 Matplotlib 库可以利用 Python 程序绘制超过 100 种数据可视化效果

二、编程题

1. 利用 turtle 库中的函数完成如图 8-15 所示的叠加等边三角形的绘制。

2. 利用 random 库中提供的函数，编程完成以下要求。

（1）从 0~100 中随机生成 10 个奇数。

（2）从字符串"Ilovepython!"中随机选取 4 个字符并输出。

（3）从列表['red', 'black', 'blue', 'white', 'pink']中随机选取 1 个字符串。

3. 某公司 1 月销售统计表数据如图 8-16 所示（January.csv），销售员收入（salary）= 基本工资（basesalary）+销售额（sales）×提成比例（ratio）。请利用 pandas 库提供的方法从文件中读入原始数据后完成计算，并将更新后的数据写入另一文件（Salary.csv）中。

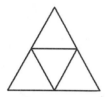

	A	B	C	D	E	F
1	No	name	basesalary	sales	ratio	salary
2	1001	zhang	2000	5000	0.15	
3	1002	wang	2000	4000	0.15	
4	1003	li	2000	3300	0.15	
5	1004	zhao	2000	6100	0.15	
6	1005	fang	2000	2500	0.15	

图 8-15　叠加等边三角形的绘制效果

图 8-16　January.csv 文件数据

4. 对"Python 语言是当前流行的计算机程序设计语言"进行分词，并输出结果。

5. 自选一篇不少于 200 字的报告或文摘（存放在文件 str.txt 中）进行分词，输出词频排名前五的词语。

6. 模仿例 8-11，准备好一个形状图片（apple.png）和对应的介绍文本（apple.txt），创建一个指定形状的词云。

形状图片和词云效果如图 8-17 所示。

（a）形状图片　　　　　　　　（b）词云效果

图 8-17　形状图片和词云效果

09

第 9 章　面向对象程序设计

　　面向对象思想是现代高级程序设计语言的重要特点，它为提高程序设计效率、代码复用性和扩展性提供了非常好的支持。Python 完全采用了面向对象程序设计的思想，是真正面向对象的编程语言。本章主要介绍面向对象的基本概念，并以类与对象为重点介绍 Python 面向对象程序设计的方法。

　　面向对象程序设计是一种非常先进的程序设计思想的应用，这种思想对我们的人生职业规划也是一种启示，提醒我们要了解社会需求，努力学习，培养正确的健康生活习惯和大局观，要训练知识转化能力和善于联系实际的能力。

本章重点

- 面向对象的基本概念
- 类与对象的定义和使用方法
- 类继承的使用方法

学习目标

- 熟悉面向对象的基本概念
- 掌握 Python 类与对象的定义和使用方法
- 掌握 Python 类继承的使用方法

9.1 概述

9.1.1 面向过程和面向对象的区别

面向对象的
基本概念

程序设计是设计出用计算机解决特定问题的程序的过程。前面各章程序所采用的方法是结构化程序设计思想，它是面向过程的，其数据和处理数据的程序是分离的。面向过程就是分析出解决问题所需要的步骤，然后用函数将这些步骤一步一步实现。这种程序设计方式的优点是占用资源少，但该方式的不足是不易维护、不易扩展、代码复用性差。

面向对象程序设计是指按照人们认识客观世界的系统思维方式，采用基于对象的概念，建立问题模型，模拟客观世界，分析、设计和实现软件。面向对象是把构成问题的事物分解成各对象，建立对象不是为了完成一个步骤，而是为了描述某个事物在整个解决问题的步骤中的行为。这种程序设计方式的优点是易维护、易复用、易扩展，可以设计出低耦合的系统，使系统更加灵活，但该方式的程序占用空间较大，整体性能比面向过程的低。

9.1.2 面向对象的基本概念

1. 对象

现实世界中客观存在的事物称为对象，对象可以是有形的，如一个公司、一辆汽车、一件快递等，也可以是无形的，如一项计划、一场比赛、一场演出等。任何对象都具有各自的特征（属性）和行为（方法、功能），如一个公司具有名称、地址、注册资金等静态特征，也具有经营业务、招聘人才、交纳税收等动态行为。

面向对象程序设计中的对象就是现实世界中客观事物在程序设计中的抽象，它也具有自己的特征和行为。对象的特征用数据来表示，称为属性；对象的行为用函数来表示，称为对象的方法。任何对象均由属性和方法组成。

2. 类

人们在认识客观世界时，将具有共同性质的事物划分为一类。类（class）是具有相同属性和行为的一组对象的集合。任何对象都是某个类的实例，如员工是一个类，而每一个具体的公司员工就是该类的一个对象或实例。

3. 抽象和封装

抽象是指从众多的事物中抽取出具有共同的、本质性的特征作为一个整体，是共同特征的集合形式。封装是指将通过抽象所得到的数据信息和操作进行结合，使其形成一个有机的整体，对内执行操作，对外隐藏细节和数据信息。

两者的区别：抽象是一种思维方式，而封装则是一种基于抽象的操作方法。我们通过抽象得到数据信息及其功能，以封装的技术将其重新聚合，形成一个新的聚合体，也就是类。或者说，两者是合作的关系，如果没有抽象，封装就无从谈起；如果没有封装，抽象也将没有意义。

4. 继承

继承是指新创建的类的一些特征（包括属性和行为），可以从其他已有的类获得。一般将新类称为子类或派生类，已有类称为父类或基类。子类可以继承父类的全部公有属性和方法，同时可以重新定义某些属性，并重写某些方法，即覆盖父类原有的属性和方法，使其获得与父类不同的功能。一个父类可以派生出多个子类，一个子类也可以继承多个父类。

5. 多态性

多态性是指不同对象收到相同的消息，但产生了不同的行为。多态性可以使用户对具有相同功能的属性和方法采用统一的命名标准。将多态性用于面向对象程序设计，可以提高程序对客观世界的模拟能力，使程序具有更好的可读性、复用性和扩展性。

9.2　类与对象

类与对象

按照人类认识和改造客观世界的思维，面向对象程序设计流程一般有以下步骤。

（1）创建类（含派生类）的属性和方法。

（2）利用类创建对象。

（3）为对象设置各种属性。

（4）为对象设定相关事件。

（5）为事件设计相应的方法。

（6）利用图形用户界面（Graphical User Interface，GUI），完成对象间的调用，实现最终的应用程序（GUI 程序设计将在后续章节中进行介绍）。

对象是面向对象程序设计的基础构件，但需要先定义类，然后使用该类的实例定义对象。

9.2.1　类的定义

Python 中创建类的格式如下：

```
class  类名：
        属性 1=值 1
        …
        属性 n=值 n
        方法 1
        …
        方法 m
```

说明如下。

（1）属性：对应相应的变量。

（2）方法：对应相应的函数。

（3）类体像定义函数一样，使用缩进。

（4）类名的首字母一般要大写，如果名称是两个单词，那么两个单词的首字母都要大写，如 class HotDog，这种命名方法称为"驼峰式命名"。

【例 9-1】类的定义。

```
#exp9-1.py
```

```
class Bird:
    name="Seagull"
    def introduceMyself(self):    #self 是必须的参数，本章后面会进行介绍
        print("I am a bird!")
        print(self.name)
```

9.2.2　对象的创建与使用

定义好类后，即可创建该类的实例（对象）。在 Python 中，用赋值的方式创建类的实例，一般格式如下。

```
对象名=类名(<参数列表>)
```

创建对象后，可以用"."运算符，通过实例对象来访问这个类的属性或方法（函数），一般格式如下。

```
对象名.属性名
对象名.函数名(<参数>)
```

例如，例 9-1 中类的实例方法如下。

```
>>>bird = Bird()                 #创建类 Bird 的一个实例 bird
>>>bird.introduceMyself()        #实例调用方法
```

运行结果：

```
    I am a bird!
Seagull
```

【例 9-2】创建一个正方形类[含有边长属性（默认值为 5），有求周长和面积的方法]，并创建对象进行测试。

```
#exp9-2.py
class Square:
    length=5
    def circle(self):
        return 4*self.length
    def area(self):
        return self.length*self.length
square = Square()
print("正方形 1 的边长为: ",square.length)
print("正方形 1 的周长为: ",square.circle())
print("正方形 1 的面积为: ",square.area())
square.length=10
print("正方形 2 的边长为: ",square.length)
print("正方形 2 的周长为: ",square.circle())
print("正方形 2 的面积为: ",square.area())
```

运行结果：

```
正方形 1 的边长为：  5
正方形 1 的周长为：  20
正方形 1 的面积为：  25
正方形 2 的边长为：  10
正方形 2 的周长为：  40
正方形 2 的面积为：  100
```

9.2.3　self 参数和__init__函数

1. self 参数

在 Python 中，类的方法都要包含一个名为 self 的参数，这个参数表示类的实例对象本身，用于对对象自身的引用。在类的外部通过对象名调用方法时不需要传递这个参数，但是如果在外部通过类名调用方法，则需要用实例名给这个参数传值。

2. __init__函数

__init__函数称为初始化函数，其作用是在创建本类对象时自动被调用，以便完成某些属性的初始化工作。

【例 9-3】self 参数和__init__函数使用示例。

```
#exp9-3.py
class Bird:
    def__init__ (self, weight):      #初始化函数，用来接收参数并初始化对象
        self.weight = weight
    def introduceMyself(self):
        print("My weight is ", self.weight)
bird = Bird(20)                        #创建一个实例，并传入参数 20
bird.introduceMyself()                 #通过实例名调用实例方法
Bird.introduceMyself(bird)             #通过类名调用实例方法，需传入 self 参数，即实例
```

运行结果：

```
My weight is 20
My weight is 20
```

9.2.4　__del__方法

Python 具有垃圾对象回收机制，当某个实例对象的所有引用都被清除后，实例所占内存空间将被自动释放。在实例释放之前，Python 有一个提供特殊处理功能的__del__()方法，可以使用 del 对象来调用此方法，具体用法参如例 9-4 所示。由于 Python 能自动回收无引用的对象，所以在实际应用中，很少需要自己去实现__del__()方法，除非在回收时需要做特殊处理。

【例 9-4】__del__()方法使用示例。

```
#exp9-4.py
```

```
class Person(object):
    def __init__(self,name):
        self.name = name
    def __del__(self):
        print("实例对象:%s"%self.name,id(self))
        print("Python 解释器开始回收%s 对象了" % self.name)
print("类对象",id(Person))
zhangsan = Person("张三")
print("实例对象张三:",id(zhangsan))
print("------------")
lisi= Person("李四")
print("实例对象李四:",id(lisi))
del zhangsan   #清除对象 zhangsan
del lisi       #清除对象 lisi
```

运行结果：

```
类对象 46293736
实例对象张三：49634944
------------
实例对象李四：49635280
实例对象:张三 49634944
Python 解释器开始回收张三对象了
实例对象:李四 49635280
Python 解释器开始回收李四对象了
```

9.3 属性与方法

类是由属性和方法组成的，其中属性是对数据的封装，而方法是对象所具有的行为和功能。类的属性和方法有公有和私有之分，在 Python 中通过标识符的约定来区分。公有属性和方法没有特殊标志，在类内和类外均可访问；私有属性和方法在类内直接访问，在类外使用时需要遵守一些约定。

属性与方法

9.3.1 属性

1. 类属性和对象属性

类属性就是类的所有对象共享的属性，在内存中只存在一个副本，定义在类中（所有方法之外）。类属性相当于 C++或 Java 语言中用 static 关键字声明的静态成员变量。公有的类属性可以在类外通过类名或对象访问。

对象属性要定义在方法之中，且有对象名前缀（通常为 self），只能通过对象名访问。在其他方法中或类外，可以任意添加新的对象属性。

【例 9-5】类属性和对象属性示例。

```
#exp9-5.py
class Person:
    count=0
    def __init__(self,name,gender='男',weight=60):
        self.name = name
        self.gender = gender
        self.weight = weight
        Person.count=Person.count+1
        print("A person named %s is created"%self.name)
p1=Person('曹操','男',70)
p2=Person('张飞','男',80)
p3=Person('关羽','男',75)
p4=Person('刘备')
print("当前人数:",Person.count)
```

运行结果:

```
A person named 曹操 is created
A person named 张飞 is created
A person named 关羽 is created
A person named 刘备 is created
当前人数: 4
```

2. 公有属性和私有属性

在 Python 中，标识符名称以两个下画线开头的属性是类的私有属性，没有以下画线开头的是公有属性。类的公有属性在类内外均可使用，类的私有属性一般只能在类内使用，在类外使用则需遵循如下格式。

类（对象）名._类名__私有属性名

其中，类名前是一个下画线，类名后是两个下画线。

【例 9-6】私有类属性类外使用示例。

```
#exp9-6.py
class Base:
    a=10                          #公有类属性
    __x=20                        #私有类属性
    def __init__(self, value):
        print(Base.__x)
        self.__value = value      #私有对象属性
b = Base(5)
print(b._Base__x)
```

运行结果:

【例 9-7】类私有对象属性使用示例。

```
#exp9-7.py
class student:
    def __init__(self,name,idCard,bankAccount):
        self.name = name
        self.id = idCard
        self.__bankAccount = bankAccount
    def AccountNo(self):        #通过方法间接使用对象的私有属性
        return self.__bankAccount
s1 = student('张三',1,123)
print (s1.name)
print (s1.AccountNo())
```

运行结果：

```
张三
123
```

9.3.2　方法

同属性一样，类方法可以分为公有方法和私有方法，此外还有类方法和静态方法。

1. 公有方法和私有方法

公有方法无须特别声明，而私有方法的名称以两个下画线开头。每个对象都有自己的公有方法和私有方法，这两类方法均可访问属于类和对象的成员。公有方法可以通过对象名直接调用，若是以类的方式调用公有方法或私有方法，则需要以参数的方式传入一个对象。

```
类名.公有方法名（对象）
```

私有方法需要通过以下方式调用。

```
对象名._类名__私有方法名()
类名._类名__私有方法名(对象)
```

其中，类名前是一个下画线，类名后是两个下画线。

【例 9-8】公有方法和私有方法使用示例。

```
#exp9-8.py
class Methods:
    def publicMethod(self):
        return "公有方法 publicMethod"
    def __privateMethod(self):
        return "私有方法 privateMethod"
m=Methods()
print("以对象的方式调用:",m.publicMethod())
print("以类的方式调用:",Methods.publicMethod(m))
```

```
print("以对象的方式调用:",m._Methods__privateMethod())
print("以类的方式调用:",Methods._Methods__privateMethod(m))
```

运行结果:

```
以对象的方式调用: 公有方法 publicMethod
以类的方式调用: 公有方法 publicMethod
以对象的方式调用: 私有方法 privateMethod
以类的方式调用: 私有方法 privateMethod
```

2. 类方法和静态方法

定义类方法时,可以用@classmethod 指令的方式定义;定义静态方法时,可以用@staticmethod 指令的方式定义。类方法和静态方法都可以通过类名或对象名调用,但不能直接访问属于对象的成员,只能访问属于类的成员。一般用 cls 作为类方法的第一个参数名称,也可以用其他名称,调用类方法时不需要为该参数传递参数。

普通实例方法隐含的参数为类实例 self,而类方法隐含的参数为类本身 cls。 静态方法无隐含参数,主要为了类实例也可以调用静态方法。所以逻辑上,类方法被类调用,实例方法被实例调用,静态方法可被两者调用,主要区别在参数传递上,实例方法传递的是 self 引用作为参数,而类方法传递的是 cls 引用作为参数。

【例 9-9】类方法与静态方法使用示例。

```
#exp9-9.py
class A:
    #类属性
    explanation = 'this is my programs'
    #普通方法(实例方法)
    def normalMethod(self,name):
        self.explanation=name
    #类方法,可以访问类属性
    @classmethod
    def classMethod(cls,explanation):
        cls.explanation=explanation
    #静态方法,不可以访问类属性
    @staticmethod
    def staticMethod(explanation):
        print("静态方法被调用")
a=A()
print(a.explanation)
a.normalMethod('实例方法用实例调用')
print(a.explanation)
#A.normalMethod('实例方法用类调用')    #此调用会报错,实例方法不能用类调用
A.classMethod('类方法用类调用')
print(A.explanation)
a.classMethod('类方法用实例调用')
print(a.explanation)
```

```
a.staticMethod('静态方法用实例调用')
A.staticMethod('静态方法用类调用')
```

运行结果:

```
this is my programs
实例方法用实例调用
类方法用类调用
实例方法用实例调用
静态方法被调用
静态方法被调用
```

9.4 继承和派生

继承

继承性是面向对象程序设计的重要特征, Python 提供了类的继承机制。这种继承机制为代码复用带来了方便, 它可以通过扩展或修改一个已有的类来新建类, 新类可以继承现有类的公有属性和方法, 同时可以定义新的属性和方法。已经存在的类称为基类或父类, 新建的类称为子类或派生类。

单继承派生类的定义格式如下。

```
class SubClass(BaseClass):
    #类定义部分
```

多继承派生类的定义格式如下。

```
class SubClass(BaseClassl , BaseClass2 , …):
    # 类定义部分
```

说明如下。

（1）子类会通过继承得到所有父类的公有方法, 如果多个父类中有相同的方法名, 则排在前面的父类同名方法会"遮蔽"排在后面的父类同名方法。

（2）子类包含与父类同名的方法称为方法重写或方法覆盖。

（3）如果子类有多个直接的父类, 那么排在前面的构造方法会"遮蔽"排在后面的构造方法。

（4）在子类中调用父类的方法为父类名.方法名()。

【例 9-10】派生类定义和使用示例 1。

```
#exp9-10.py
class Father(object):
    def __init__(self, name):
        self.name=name
        print( "name: %s" %( self.name) )
    def getName(self):
        return 'Father ' + self.name
class Son(Father):
    def getName(self):
```

```
            return 'Son '+self.name
if __name__=='__main__':
        son=Son('snoopy')
        print(son.getName())
```

运行结果：

```
name: snoopy
Son snoopy
```

【例 9-11】派生类定义和使用示例 2。

```
#exp9-11.py
class Animal():
        def __init__(self,name,age):
                self.name = name
                self.age = age
        def eat(self):
                print("Animal " + self.name + " is eating foods")
        def sleep(self):
                print("Animal " + self.name + " is sleeping")
class Dog(Animal):
        def __init__(self,name,age,color):
                super().__init__(name,age)      #通过 super()函数调用父类构造方法
                self.color = color
        def bark(self):                          #增加了新的方法
                print("Dog " + self.name + " is barking ,it is " + self.color)

my_dog = Dog('kimi',18,'red')
my_dog.bark()
my_dog.eat()
my_dog.sleep()
```

运行结果：

```
Dog kimi is barking ,it is red
Animal kimi is eating foods
Animal kimi is sleeping
```

【例 9-12】多继承派生类示例。

```
#exp9-12.py
class Human:
        def __init__(self, sex):
                self.sex = sex
        def p(self):
                print("这是 Human 的方法")


class Person:
        def __init__(self, name):
                self.name = name
        def p(self):
```

```
            print("这是 Person 的方法")
        def person(self):
            print("这是 person 特有的方法")


class Student(Human, Person):
    def __init__(self, name, sex, age):
        #要想调用特定父类的构造方法，可以使用父类名.__init__的方式
        Human.__init__(self,sex)
        Person.__init__(self,name)
        self.age = age


# ------创建对象-------------
stu = Student("Tom", "Male", 18)
print(stu.name,stu.sex,stu.age)
stu.p()   #虽然父类 Human 和 Person 都有同名 P() 方法，但是调用的是第一个父类 Human 的方法
stu.person()
```

运行结果：

```
Tom Male 18
这是 Human 的方法
这是 person 特有的方法
```

9.5 多态性

多态性是指具有不同功能的函数可以使用相同的函数名，这样就可以用一个函数名调用不同内容的函数。面向对象方法中的多态性一般这样表述：向不同的对象发送同一条消息，不同的对象在接收时会产生不同的行为（即方法）。也就是说，每个对象可以用自己的方式去响应共同的消息。所谓响应，就是调用函数，不同的行为就是指不同的实现，即执行不同的函数。

多态性

这种多态性增加了程序的灵活性和可扩展性，不论对象怎么变化，使用者都是用同一种形式调用方法。

【例 9-13】多态性示例 1。

```
#exp9-13.py
class ArmyDog(object):
    def bite_enemy(self):
        print('追击敌人')
class DrugDog(object):
    def track_drug(self):
        print('追查毒品')
class Person(object):
    def work_with_army(self, dog):
        dog.bite_enemy()
    def work_with_drug(self, dog):
```

```
                dog.track_drug()

p = Person()
p.work_with_army(ArmyDog())
p.work_with_drug(DrugDog())
```

运行结果：

```
追击敌人
追查毒品
```

说明：在上述代码中，Person 类的两个方法 work_with_army()和 work_with_drug()的功能接近，但要重复编写。为此对引入多态性的编程技巧做如下改进（见例 9-14）。

【例 9-14】多态性示例 2。

```
#exp9-14.py
class Dog(object):
    def work(self):
        pass
class ArmyDog(Dog):
    def work(self):
        print('追击敌人')
class DrugDog(Dog):
    def work(self):
        print('追查毒品')
class Person(object):
    def work_with_dog(self, dog):   #只要能接收父类对象，就能接收子类对象
        dog.work()#只要父类对象能工作，子类对象就能工作，并且不同子类会产生不同的执行效果

p = Person()
p.work_with_dog(ArmyDog())
p.work_with_dog(DrugDog())
```

运行结果：

```
追击敌人
追查毒品
```

9.6　综合应用

【例 9-15】编写程序，类 A 继承类 B，两个类都实现了 handle()方法，在类 A 的 handle()方法中调用类 B 的 handle()方法。

```
#exp9-15.py
class B:
    """类 B"""
    def __init__(self):
        pass
```

```
        def handle(self):
            print("B.handle")
class A(B):
    """类 A"""
    def __init__(self):
        super().__init__()   #super 依赖于继承
    def handle(self):
        super().handle()
a = A()
a.handle()
```

运行结果：

```
B.handle
```

【例 9-16】采用面向对象的方法求解下式，要求保留精度 10^{-5}。

$$s = 1 + \frac{1}{3} + \frac{1}{5} + \cdots + \frac{1}{2n-1}$$

```
#exp9-16.py
class computer:
    def sum(self):
        self.n=1
        self.s=0
        while(1.0/(2*self.n-1)>1E-5):
            self.f=1.0/(2*self.n-1)
            self.s+=self.f
            self.n+=1
    def out(self):
        print("s=%.5f,n=%d"%(self.s,self.n))
obj=computer()
obj.sum()
obj.out()
```

运行结果：

```
s=6.39164,n=50001
```

【例 9-17】摆放家具。

需求：①房子有户型、总面积和家具名称列表，新房子没有任何家具；②家具有名称和占地面积，其中床（bed）占 4 平方米，衣柜（chest）占 2 平方米，餐桌（table）占 1.5 平方米；③将以上 3 件家具添加到房子中；④输出房子时，要求输出户型、总面积、剩余面积和家具名称列表。

```
#exp9-17.py
class HouseItem:
    def __init__(self, name, area):
        self.name = name
        self.area = area
    def __str__(self):
        return '[%s] 占地 %.2f' % (self.name, self.area)
class House:
    def __init__(self, house_type, area):
```

```
                self.house_type = house_type    #房子类型
                self.area = area                #房子面积
                self.free_area = area           #房子剩余面积
                self.item_list = []             #家具名称列表
        def __str__(self):
                return '户型:%s\n总面积:%.2f[剩余:%.2f]\n家具:%s' % (self.house_type,
self.area, self.free_area, self.item_list)
        def add_item(self, item):
                print('要添加 %s' % item)
        #判断家具的面积是否超过房子的面积，如果超了则给出提示，退出添加；否则将家具名称添加到列表中
                #并用房子的剩余面积减去家具面积来更新房子的剩余面积
                if item.area > self.free_area:
                        print('%s 的面积太大了，无法添加' % item.name)
                        return
                self.item_list.append(item.name)
                self.free_area -= item.area


#创建家具
bed = HouseItem('bed', 400)
print(bed)
chest = HouseItem('chest', 2)
print(chest)
table = HouseItem('table', 1.5)
print(table)


#创建房子
my_home = House('两室一厅', 60)
my_home.add_item(bed)
my_home.add_item(chest)
my_home.add_item(table)
print(my_home)
```

运行结果：

```
[bed] 占地 400.00
[chest] 占地 2.00
[table] 占地 1.50
要添加 [bed] 占地 400.00
bed 的面积太大了，无法添加
要添加 [chest] 占地 2.00
要添加 [table] 占地 1.50
户型:两室一厅
总面积:60.00[剩余:56.50]
家具:['chest', 'table']
```

本章小结

本章主要介绍了面向对象程序设计的相关概念，重点介绍了类与对象的定义和使用方法、类的继承方法、多态性的实现等。

习题

1. 编写程序，设计一个学生类，要求有一个计数器的属性，用于统计学生人数。

2. 编写程序，类 A 继承类 B，两个类都实现了 handle()方法，在类 A 的 handle()方法中调用类 B 的 handle()方法。

3. 简单解释 Python 中以下画线开头的变量名的特点。

4. 请分析下列代码的输出结果。

```
class Parent(object):
    x = 1
class Child1(Parent):
    pass
class Child2(Parent):
    pass

print(Parent.x, Child1.x, Child2.x)
Child1.x = 2
print(Parent.x, Child1.x, Child2.x)
Parent.x = 3
print(Parent.x, Child1.x, Child2.x)
```

5. 请分析下列代码的输出结果。

```
class Dog(object):
      def __init__(self,name):
          self.name = name
      def play(self):
          print('%s 蹦蹦跳跳地玩'%self.name)

class XiaotianDog(object):
      def __init__(self,name):
            self.name = name
      def play(self):
            print('%s 飞上天玩'%self.name)

class Person(object):
      def __init__(self,name):
            self.name = name
      def play_with_dog(self,Dog):
            print('%s 和 %s一起玩' %(self.name,Dog.name))
            Dog.play()
#1.创建一个狗对象
wangcai = XiaotianDog('旺财')
#2.创建一个人对象
xiaoming = Person('小明')
#3.让小明调用狗，和狗玩
xiaoming.play_with_dog(wangcai)
```

10

第 10 章　异常处理

异常（exception）是指程序运行过程中出现的错误或遇到的意外情况。引发异常的原因有很多，如除数为 0、下标越界、文件不存在、数据类型错误、命名错误、内在空间不够、用户操作不当等。如果这些异常不能被有效处理，则可能导致程序终止运行。

本章将首先介绍 Python 编程过程中常见的错误，以期帮助初学者在学习编程的过程中少走弯路，尽快掌握语言的特性，然后介绍 Python 异常处理的基本过程。

程序设计过程中的异常处理是保证程序安全与可靠的重要机制，国家治理和为人处事也是一样。中国的高速发展，让我们感受到国家强大的力量，感受到身为中国公民的自豪和骄傲。

本章重点

● 　Python 编程过程中常见的错误
● 　Python 异常处理的方法

学习目标

● 　通过系统了解 Python 语言初学者容易犯的错误，深入理解 Python 的特性
● 　掌握 Python 异常处理的基本过程

10.1　Python 编程过程中常见的错误

本节将介绍 Python 编程过程中常见的语法错误、逻辑错误和非 Python 的代码编写习惯，希望初学者能避免犯类似错误，写出高质量的 Python 代码。

编程常见错误

10.1.1　编程环境相关问题

1. 文件中需要用 print 语句，Shell 中不需要

Python Shell 会自动输出表达式的结果，所以不需要输入完整的 print 语句，但是在文件中必须用 print 语句才能看到输出。例如，下列脚本中的变量 ls 放在文件中不会有输出结果。

```
>>> ls = ['Hello'] + [1, 2, 3]
>>> ls
['Hello', 1, 2, 3]
```

2. 小心使用记事本

使用 Windows 记事本编辑代码文件后，在保存的时候选择"另存为"→"所有文件"选项，并且将文件命名为***.py。否则记事本会保存为.txt 文件，导致其在某些打开方式下无法运行。推荐使用更加友好的文本编辑工具，如 IDLE。

3. 在 Windows 下查看程序的运行情况

在 Windows 下，双击一个 Python 文件可以运行 Python 程序，但程序的输出窗口在程序结束的瞬间也消失了。要想看到运行结果，可以在文件最后加一条 input() 的调用，让程序停下来等待。这与 C 语言在解决该问题时的方法一致。

4. import 时不要使用表达式或路径

不要在 import 语句中使用文件的扩展名，即应为 import module，而不是 import module.py。Python 认为后者要先加载一个模块 module，再到 module 目录中去找名称为 py 的模块，最后因为无法找到而报错。在文件名中使用"."来指向包的子目录，如应为 import dir.mod 而非 import dir/mod。

10.1.2　语法错误

与其他高级语言相比，Python 有自己特定的语法规范。要牢记 Python 语法格式，避免语法错误。

1. 拼写错误

编写 Python 程序时关键字、标识符拼写错误，会导致程序的写法不符合编程语言的规定。下列代码中调用函数 func 没有任何输出，是因为当前运行模块的名称 __main__ 的拼写错误，导致实际程序并未调用。

```
def func():
    print("Hello!")
if __name__=="__mian__":
    func()
```

2. 缩进错误

Python 语言将缩进作为程序的一部分，用缩进确定代码之间的层次。下列代码求 0~9 的平方和并输出，试找出其中的缩进错误。

```
    sum = 0                              #A
for i in range(10):
        sum += i**2
        print("sum = "+str(sum))    #B
```

运行程序抛出 SyntaxError 异常，提示 A 处 "unexpected indent"，这是因为初始化变量 sum 的语句没有和 for 语句处于相同的缩进层次。要确保顶层代码从最左侧第一列开始。另外，求和后的结果只需输出一次，即 print 语句只要在 for 循环结束后执行一次即可。故 B 处实际有多余的缩进但运行时没有错误提示。这种错误更具隐蔽性，可能由此导致严重的逻辑错误。正确的代码如下：

```
sum = 0                              #A
for i in range(10):
        sum += i**2
print("sum = "+str(sum))            #B
```

另外，如果使用的缩进方式不一致，有的以 Tab 键缩进，有的以空格缩进，在某些平台上可能会导致语法错误。

3. 忘记 ":"

在 if、else、elif、for、while 语句，以及函数和类的定义语句之后需要加 ":" 表示开始下一级缩进。下面的 if 语句后缺少了一个表示下一级缩进的 ":"，执行时提示语法错误。

```
x = 1
if x>0
        y = 1
print(y)
```

4. 调用函数时漏带括号

无论一个函数是否需要参数，都需要加一对括号来调用它，即使用 function()来调用，而不是 function。Python 认为一切皆为对象，函数只是具有特殊功能（调用）的对象，而调用是通过括号来触发的。像所有的对象一样，函数也可以赋给变量。如果用 file.close()而不是 file.close 来关闭一个文件，后者虽然是合法的 Python 语句，但是并没有关闭文件。

5. Python 和 C 语言代码编写的几点差异

（1）Python 中没有自增和自减运算，而是用 x+=1 或 x-=1 来实现的。

（2）if 和 while 中的条件测试不需要加括号，如 if (i==0):。

（3）分号仅在把多条语句放在同一行中（如 x=1；y=2；z=3）时需要，但不推荐这种代码编写方式。

（4）Python 中需要表达式的地方不能出现语句，不要在 while 循环的条件测试中嵌入赋值语句，如 while (x=next())!= None 是错误的。

（5）Python 用简单的 for 循环（如 for x in seq:）遍历一个有序对象的所有元素，而不是基于 while

或 range 的计数循环。在 Python 中，简单至上，例如：

```
S = "hellopython"
for c in S: print(c)                    #最简洁
for i in range(len(S)): print(S[i])     #冗余
```

10.1.3 编程错误

在编写代码的过程中，由于不熟悉 Python 语言的特性，可能会出现一些逻辑错误，常见的错误如下。

1. 改变不可变类型数据

不能直接改变一个不可变的对象（如元组、字符串），例如：

```
>>> s = 'hello'
>>> s[0]='H'
TypeError: 'str' object does not support item assignment
```

而应该用切片、联接等构建一个新的对象，并赋给原来的变量。

```
>>> s = s[0].upper() + s[1:]
>>> s
'Hello'
```

2. 向空列表中添加元素

若列表初始化为空，则直接引用列表中的元素会导致下标越界错误，如下列代码所示。若需要向列表中添加元素，则需要将<1>处的代码改为 ls.append(i)。

```
>>>ls = []
>>>for i in range(5):
        ls[i] = i #<1>
>>>print(ls)
IndexError: list assignment index out of range
```

3. 方法调用错误

内部函数通常在很多类型上都可以使用，如 len 函数对任何具有长度的对象都适用。通常情况下，方法的调用是和数据类型有关的，不同的类型对应的方法也不同，如可变类型列表上的许多方法在不可变的字符串上没有，下列代码会导致 AttributeError。

```
>>> ls = [1,'hi',3.14]
>>> ls.reverse()
>>> ls
[3.14, 'hi', 1]

>>> s = 'Life is short, you need Python.'
>>> s.reverse()
AttributeError: 'str' object has no attribute 'reverse'
```

4. 改变对象的函数返回 None

诸如 list.append()和 list.sort()一类的方法会直接改变操作对象，但不会返回改变后的对象，而是返回 None。例如，下列代码中的 for 循环遍历 sort()方法的返回结果将导致错误。

```
>>> ls = [5, 2, 9, 1, 4]
>>> for item in ls.sort():    print(item)
TypeError: 'NoneType' object is not iterable
```

正确的做法是将方法的调用分离出来，再遍历列表。

```
>>> ls.sort()
>>> for item in ls: print(item)
```

5. 类型转换错误

在 Python 中，只有在数字类型中才存在类型转换。诸如 12+3.14 的表达式是合法的，Python 会自动将整数 12 转换为浮点型，然后进行浮点运算。但是下列代码会出错。

```
>>> age = 18
>>> print("I am "+ age + " years old.")
TypeError: can only concatenate str (not "int") to str
```

Python 认为上述类型转换是不明确的：是将字符串转换为数字相加，还是将数字转换为字符串相连？正确的做法是指明类型转换，如下所示。

```
>>> print("I am "+ str(age) + " years old.")
I am 18 years old.
```

当然在 print 语句中也可以分为 3 项输出，如下所示。

```
>>> print("I am ",age," years old.")
```

6. 对象复制问题

赋值语句不会创建对象的副本，仅仅创建引用，这是 Python 的一个核心理念，类似于 Java 语言的浅复制。在下面的例子中，列表 L 和列表 M 嵌入的列表共同引用同一个内存对象。

```
>>> L = [1, 2, 3]
>>> M = ['X', L, 'Y']
>>> M
['X', [1, 2, 3], 'Y']
```

改变 L 的同时，M 所引用的对象也会改变；同样地，改变 M 引用的值，L 的值也会改变。

```
>>> L[1] = 0
>>> M
['X', [1, 0, 3], 'Y']

>>> M[1][2] = 0
>>> L
[1, 0, 0]
```

如果不希望 L 和 M[1] 引用同一个内存对象，则需要创建一个副本来避免共同引用，这类似于 Java 中的深复制。seq[:] 用于创建列表或字符串的副本，seq[::-1] 可以创建逆序的列表或字符串的副本，字典类型使用 dict.copy() 方法。

7. 静态识别局部变量名问题

Python 没有变量的声明，在函数中赋值的变量默认认为是局部的，它们在函数运行时存在于该函数的作用域中。

```
>>> x = 0
>>> def func():
        print(x)
        x = 9
>>> func()
UnboundLocalError: local variable 'x' referenced before assignment
```

Python 解析 func() 函数的代码时碰到赋值语句 x = 9，认为 x 是函数 func 的一个局部变量。但是运行函数执行 print 语句的时候，赋值还没有发生，导致错误。若要输出全局变量 x，则需要先用 global 关键字进行声明。

另外，运行或加载一个模块时会从上到下执行文件中的语句，所以要确保将未嵌套的函数或类的调用放在它们的定义之后。

10.2 Python 异常处理

异常处理

10.2.1 Python 异常概述

即便语句或表达式在语法上是正确的，在执行中也可能产生错误。下列代码试图在 Python Shell 中打开文件 new.txt，若在当前路径下找不到文件，则会出现如下输出。

```
>>> infile = open('new.txt')
    Traceback (most recent call last):
        File "<pyshell#0>", line 1, in <module>
            infile = open('new.txt')
    FileNotFoundError: [Errno 2] No such file or directory: 'new.txt'
```

在编写 Python 程序的过程中，经常会碰到程序出错的情况。除用读模式打开了一个不存在的文件产生 FileNotFoundError 外，还有可能引用了未定义的变量或访问了字典中不存在的键等。出现上述错误时会导致程序终止运行，并输出错误信息。

影响程序正常执行的错误被称为异常。本节重点阐述怎样在 Python 程序中处理异常。但需要注意的是，大多数异常并不需要处理。在 Python 中，不同的异常被定义为不同的对象，对应不同的错误。Python 所有的错误类型都继承自 BaseException，常见的预定义的异常类及其继承关系如图 10-1 所示。

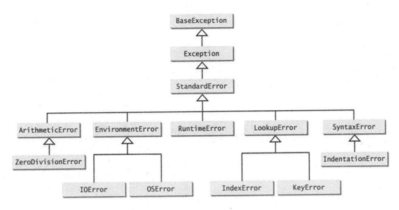

图 10-1　常见的预定义的异常类及其继承关系

例如，在 Shell 中运行相关脚本，错误提示信息如下所示。示例仅列出错误信息的最后一行，显示错误类型，其余几行给出了有关错误类型和原因的相关信息，此处省略。

```
>>> 10+5/0
ZeroDivisionError: division by zero

>>> a*3
NameError: name 'a' is not defined

>>> '12.3'+4
TypeError: can only concatenate str (not "int") to str

>>> ls = [1,2,3]; ls[3]
IndexError: list index out of range

>>> dct = {'A':1}; dct['a']
KeyError: 'a'
```

10.2.2　异常处理的基本过程

异常会立刻终止程序的执行，无法实现原定的功能。但是，如果在异常发生时能及时捕获并做出处理，就能控制异常、纠正错误、保障程序的顺利执行。Python 中提供了 try 子句来进行异常的捕获，以及 except 子句来处理捕获的异常。例如，读入两个整数相除，若除数为 0 则会产生 ZeroDivisionError，将其放在 try 语句块中，处理除数为 0 的异常的简单代码如下。

```
try:
        x = int(input("\nFirst number: "))      #①
        y = int(input("Second number: "))        #②
        print(x/y)
except ZeroDivisionError:
        print("You can't divide by 0!")
```

程序执行的流程可能有如下几种情况。

（1）程序执行 try 子句中的代码，若未发生异常，则跳过 except 子句，try…except 语句的执行结束，继续执行 try 语句后的代码。

输入如下：

```
First number: 5
Second number: 1
```

输出如下：

```
5.0
```

（2）如果执行中发生异常，则跳过 try 子句的其余部分。判断发生的异常类型是否与 except 关键字后的异常相匹配，若能匹配，则执行该 except 子句的代码，之后继续执行 try 子句后的代码。

输入如下：

```
First number: 5
Second number: 0
```

输出如下：

```
You can't divide by 0!
```

（3）如果产生的异常不能匹配 except 子句中的类型，则该异常被 try 语句抛出。若没有处理该异常的代码，则程序终止执行。

输入如下：

```
First number: 5
Second number: x
```

输出如下：

```
Traceback (most recent call last):
File "…\file_exception.py", line 3, in <module>
    y = int(input("Second number: "))
ValueError: invalid literal for int() with base 10: 'x'
```

10.2.3 多个 except 子句

除了除数为 0，用户还有可能给出其他非法输入，如输入字符串，将字符串转换为整数会产生 ValueError。不同类型的异常可以交由不同的 except 子句来处理。

```
try:
    x = int(input("\nFirst number: "))
    y = int(input("Second number: "))
    print(x/y)
except ZeroDivisionError as e1:  #①
    print("You can't divide by 0!")
except ValueError as e2:          #②
    print(e2)
else:
print('no error!')
```

输入如下：

```
First number: 3
Second number: h
```

输出如下：

```
invalid literal for int() with base 10: 'h'
```

①②处的代码指定两种异常对象的实例分别为 e1 和 e2，方便获取与异常相关的信息。输入非法数据 "h" 后由②处的 except 子句捕获，并输出相关的信息。此外，可以在 except 子句后面加一个 else，当没有错误发生时，会自动执行 else 语句。

在使用 except 子句时需要注意的是，它不但捕获该类型的异常，还捕获其子类型的所有错误。当有多个 except 子句时，最多会执行其中的一个。注意下列代码中的第 2 个 except 子句永远不会被执行，因为 FileNotFoundError 是 IOError 的子类，代码产生的 FileNotFoundError 异常均被第 1 个 except 子句捕获。

```
filename = 'alice.txt'
try:
    f = open(filename)
except IOError:
    print("IOError")
except FileNotFoundError:
    print("FileNotFoundError")
else:
f.close()
```

最后一个 except 子句也可以不指定异常类型以捕获所有类型的异常，如下列代码所示。但在使用时要特别小心，它可能会捕捉到比预期更多的错误，真正的程序错误和 sys.exit()调用也会被捕捉到。

```
try:
    f = open('afile.txt')
    s = f.readline()
    i = int(s.strip())
except IOError as e:
    print(e)
except ValueError:
    print("Could not convert data to an integer.")
except:
    print("Unexpected error!")
```

10.2.4　finally 子句

try 子句的另一个可选项是 finally 子句，无论是否发生异常该子句都会被执行，通常它进行一些清理工作。在实际使用中，finally 子句通常用于释放外部资源，如文件和网络连接。下面的例子在 finally 子句中释放变量 x 所占的存储空间，仅用于说明 finally 子句的工作模式。

```
x = None
```

```
try:
    x = 1/0
finally:
    print("cleaning up")
    del x
```

10.2.5　异常与函数

当程序出现错误时，Python 会自动抛出异常，也可以通过 raise 语句显式地抛出异常。raise 语句用于抛出特定异常，后面可以指明或不指明异常。raise 关键字后可以指明要抛出的异常类型，可以是异常实例或异常类（继承自 Exception 的类）。raise 语句如果不带参数，则把当前错误原样抛出，如下所示。

```
try:
    raise NameError('Hello?')
except NameError:
    print("NameError!")
    raise
```

上例在 except 子句中已经捕获了错误，但在输出"NameError!"后，又把错误通过 raise 语句抛出了。选择这种错误处理方式在捕获错误时只是记录一下，便于后续追踪。但是，由于当前代码层面不知道应该怎么处理该错误，故重新抛出所捕获的异常，让上层调用者处理，这涉及异常在代码中的传递。如下代码 except_func.py 中的 faulty()函数抛出异常，handle_exception()函数调用 faulty()函数并处理了所抛出的异常，故①处输出"Exception handled!"。ignore_exception()函数同样调用了 faulty()函数，但并未处理所抛出的异常，故②处未处理的异常导致程序终止，并输出调用栈信息。

```
#except_func.py
def faulty():
    raise Exception("Something is wrong!")
def handle_exception():
    try:
        faulty()
    except:
        print("Exception handled!")
def ignore_exception():
    faulty()
if __name__=='__main__':
    handle_exception()        #①
    ignore_exception()        #②
```

输出如下：

```
Exception handled!
Traceback (most recent call last):
    File ".../except_func.py", line 12, in <module>
        ignore_exception()
    File ".../except_func.py", line 4, in ignore_exception
        faulty()
```

```
    File "…/except_func.py", line 2, in faulty
        raise Exception("Something is wrong!")
Exception: Something is wrong!
```

使用 try 子句捕获错误的另一个优点是可以跨越多层调用，不需要在每个可能出错的地方捕获错误，只要在合适的层次捕获错误就可以了。

10.2.6 自定义异常

用户可以直接或间接用 Exception 类来定义自己的异常类。异常类和其他类类似，但应尽量简单，一般只定义记录错误信息的属性。示例如下：

```
class InputError(Exception):
    def __init__(self, msg):
        self.msg = msg
    def __str__(self):
        return self.msg
raise InputError("Invalid Input!")
```

输出如下：

```
Traceback (most recent call last):
    File "…/myerror.py", line 7, in <module>
        raise InputError("Invalid Input!")
InputError: Invalid Input!
```

只有在必要的时候才自定义错误类型。如果可以选择 Python 已有的内置错误类型（如 ValueError、TypeError），则尽量使用 Python 内置的错误类型。

本章小结

由于初学者不了解 Python 的特性，在编写代码时往往会出现种种错误。本章首先给出了常见的 Python 编程错误，希望读者能汲取其中的教训。

异常处理不能“消灭”异常本身，但是可以让原本不可控的异常被及时发现，并按照设计好的方式被处理。异常处理让程序不会被意外终止，而是按照设计以不同的方式结束运行。在设计中，except 子句后的异常类型至关重要，需要根据 try 子句的具体操作进行恰当的选择。Python 内置的 try…except…finally 语句用来处理错误十分方便。出错时，需要学会分析错误信息并定位错误发生的代码位置。程序也可以主动抛出错误，让调用者来处理相应的错误。但是，应该在文档中写清楚可能会抛出哪些错误，以及错误产生的原因。

习题

1. 下列代码运行时提示错误 NameError: name 'r' is not defined，请改正其中的错误。

```
import math
```

```
class Circle:
    def __init__(self, r):
        self.r = r
    def area(self):
        return math.pi*r*r
c = Circle(2)
print(c.area())
```

2. 函数 incr 的定义如下：

```
def incr(n=1): return lambda x: x + n
```

下列各调用输出的结果是什么？

（1）调用 1

```
f = incr()
g= f(2)
print(g)
```

（2）调用 2

```
f = incr
g= f(2)
print(g)
```

3. 把下列 while 循环代码改用 for 循环完成，比较二者的区别。

```
ls = [3, 5, 9, 2, 8]
i = 0;
while i < len(ls):
    print ls[i];
    i += 1
```

4. 若 T = (1, 2, 3)，T[2] = 4 是否能将列表中的最后一个元素改为 4？如果不能改，应该怎样实现呢？

5. 执行下列脚本后，L 和 M 的值各是什么？

```
>>> L = [1, 2, 3]
>>> M = ['X', L[:], 'Y']
>>> L[1] = 0
```

6. 写出下列代码的输出结果。

```
>>>x = 0
>>>def func():
    global x
    print(x, end=' ') #1
    x = 9
    print(x)          #2
>>>func()
```

7. 代码如下，若两个输入分别是 5 和 2，则输出结果是什么？

```
try:
    x = int(input("\nFirst number: "))
    y = int(input("Second number: "))
    print(x/y)
except ZeroDivisionError as e1:  #①
    print("You can't divide by 0!")
except ValueError as e2:          #②
    print(e2)
else:
    print('no error!')
```

11

第 11 章　GUI 程序设计

　　GUI 是指采用图形方式显示计算机操作用户界面，用户使用鼠标等输入设备操纵屏幕上的图形元素来执行日常任务，它是现代软件广泛采用的一种人机交互方式。与通过键盘输入文本或字符命令完成例行任务的字符界面相比，GUI 降低了使用门槛，使普通用户可以享受程序使用的便利性。本章主要介绍基于 Tkinter 的 GUI 程序设计，并结合数据库编写用户登录界面。

　　GUI 程序设计的作用是培养用户设计合理人机交互方式的能力，借此机会形成良好的职业素养，践行社会主义核心价值观。

本章重点

- 常用组件的使用
- pack 布局管理方式的使用
- Tkinter 事件处理机制

学习目标

- 了解 Tkinter 库中的常用组件
- 理解布局管理方式 pack
- 掌握 Python 事件处理机制

11.1　Tkinter 入门

本章采用 Python 内置的 Tkinter 库来创建 GUI 应用程序，Tkinter 是跨平台的，这意味着在 Windows 下编写的程序，可以不加修改地在 Linux 和 UNIX 等操作系统下运行。使用 Tkinter 可以快速地创建 GUI 应用程序，如 IDLE 也是使用 Tkinter 编写的。本章主要使用 Tkinter 设计图形界面。安装好 Python 之后，直接导入内置的 Tkinter 库即可使用。

11.1.1　简单的 GUI 程序设计

GUI 编程

【例 11-1】简单的 GUI 程序设计示例。

为了使代码简洁，通常使用 "from tkinter import *" 的形式一次性从 Tkinter 库中导入所有内容。

```
#exp11-1.py
from tkinter import *
root = Tk()                               #创建主窗体
widget = Label(root)                      #创建标签对象
widget['text'] = 'Hello GUI world!'       #设置属性
widget.pack(side=TOP)                     #放置组件在父窗体的上方
root.mainloop()                           #开始事件循环
```

运行结果如图 11-1 所示。

Tk() 创建程序的主窗体（或根窗体），即随程序一起启动的窗体，在程序中仅初始化一次。

Hello GUI world!

图 11-1　例 11-1 的运行结果

代码最后两行是必不可少的，pack 告知 Tkinter 的布局管理器如何放置组件。上述代码将组件放置在父窗体的上方。mainloop() 方法将标签显示在屏幕上并进入 Tkinter 的等待状态，监听用户产生的 GUI 事件，其伪代码如下。

```
def mainloop():
      while 主窗体未关闭:
            if 事件发生: 运行相关的事件处理函数
```

GUI 程序是事件驱动的，在绘制界面注册事件处理器后，程序处于等待鼠标或键盘事件发生的状态。

下列代码生成和例 11-1 相同的窗体。当不指定父窗体（如下列代码中所示）或设置为 None 时，使用一个自动创建的 Tk 实例作为默认的父窗体。mainloop() 可以作为窗体的方法调用，也可以作为函数直接调用。

```
from tkinter import *
Label(text='Hello GUI world!').pack() #side=TOP 默认值
mainloop()
```

11.1.2 Tkinter 组件及属性设置

Tkinter 库提供了各种各样的常用组件（widget），如按钮、标签和文本框。Tkinter 的常用组件及其描述如表 11-1 所示。

表 11–1 Tkinter 的常用组件及其描述

组件	描述
Label	标签组件，可以显示文本和位图
Button	按钮组件，用于在程序中显示按钮
Frame	框架组件，作为容器放置其他组件
Entry	输入组件，用于输入单行文本
Checkbutton	复选框组件，用于提供多项选择
Radiobutton	单选按钮组件，用于提供单项选择
Menu	菜单组件，用于显示菜单栏、下拉菜单和弹出菜单
Menubutton	菜单按钮组件，用于显示菜单项
Listbox	列表框组件，用于显示字符串选项列表
Text	文本组件，用于显示和编辑多行文本
Scale	范围组件，用于显示一个数值刻度
Canvas	画布组件，用于显示图形元素

用户可以通过下列方式之一设置组件的属性。

（1）创建组件时，在组件的构造函数中使用关键字参数指定字体颜色和背景颜色分别为红色和蓝色。

```
fred = Button( fg="red", bg="blue")
```

（2）组件创建后，以字典索引的方式设置属性的值。

```
fred["fg"] = "red"
fred["bg"] = "blue"
```

（3）组件创建后，使用 config()函数更新多个属性。

【例 11-2】使用 config()函数设置属性。

下列代码向根窗体中添加 Label，并调用 config()函数设置 Label 的格式、大小等属性。

```
#exp11-2.py
fred.config(fg="red", bg="blue")
from tkinter import *
root = Tk()
labelfont = ('times', 16, 'bold')         #字体、大小和风格
widget = Label(root, text='Configing...')
widget['font']=labelfont
widget.config(bg='blue', fg='white')      #蓝色背景，黄色文字
widget.config(height=3, width=18)         #初始大小
widget.pack(padx=5, pady=5)
widget.pack(expand=YES, fill=BOTH)
root.mainloop()
```

运行结果如图 11-2 所示。

图 11-2 例 11-2 的运行结果

11.2 几何布局管理

Tkinter 布局管理器负责组件在容器（顶层窗体或 Frame）中的呈现，pack 是 Tkinter 提供的 3 种布局管理器之一，其他两种为 grid 和 place。place 难以使用，不如 pack 流行，本节不做介绍。

组件的 pack 方法将组件添加到窗口中，pack 使用可选项的设置来自动在窗体中定位组件，代码中不需要指定绝对的像素坐标。为了合理地组织含有多个组件的窗口，可以向 pack() 方法传递参数来设置组件在窗口中的具体位置、扩展性等。pack 的主要方法如表 11-2 所示。

表 11–2 pack 的主要方法

选项	描述	取值范围
side	组件放置于父窗体的位置	TOP、BOTTOM、LEFT、RIGHT，默认是 TOP
fill	填充空间	X、Y、BOTH、None，默认是 None
expand	扩展空间	YES、NO，默认是 NO
ancher	停靠位置	N、E、W、S、NW、SW、SE、NE、CENTER，默认是 CENTER
ipdx/ipady	组件内部在 x/y 方向上的间隔	—
pdx/pady	组件外部在 x/y 方向上的间隔	—

pack 的工作原理如下。

从整个父窗体的可用空间开始，pack 在父窗体的剩余空间中将上、下、左、右分配给要放置的组件，缩小剩余空间。重复上述过程直至组件放置完毕，expand 分割所有剩余空间，anchor 和 fill 分别在指定的空间中放置和拉伸组件。可见组件放置的顺序不仅决定了 side 属性的显示效果，也决定了调整窗体大小时组件被裁剪的顺序。

11.2.1 pack 的顺序对 side 属性的影响

pack 首先将整个可用空间的上、下、左、右部分根据组件 side 的指定分配给第 1 个组件，然后在剩余空间中分配第 2 个组件指定的部分。各组件调用 pack 的顺序会影响组件的几何布局。

【例 11-3】组件放置顺序对布局的影响。

```
#exp11-3.py
from tkinter import *
root = Tk()
Label(root, text= 'Here is a label on top.').pack(side=TOP)  #<1>
Button(root, text='Left ').pack(side=LEFT)   #<2>
Button(root, text='Right').pack(side=RIGHT)  #<3>
root.mainloop()
```

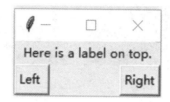

运行结果如图 11-3 所示。

图 11-3　先放置 Label、后放置"Left"按钮、最后放置"Right"按钮的效果

调整上述程序中<1>~ <3>行代码的顺序，即改变 3 个组件的放置顺序，可以发现呈现的效果不尽相同。以下调整代码的运行结果如图 11-4 所示。

```
from tkinter import *
root = Tk()
Button(root, text='Left ').pack(side=LEFT)
Label(root, text= 'Here is a label on top.').pack(side=TOP)
Button(root, text='Right').pack(side=RIGHT)
root.mainloop()
```

图 11-4　先放置"Left"按钮、后放置 Label、最后放置"Right"按钮的效果

如下所示的调整代码，其运行结果如图 11-5 所示。

```
from tkinter import *
root = Tk()
Button(root, text='Left ').pack(side=LEFT)
Button(root, text='Right').pack(side=RIGHT)
Label(root, text= 'Here is a label on top.').pack(side=TOP)
root.mainloop()
```

图 11-5　先放置"Left"按钮、后放置"Right"按钮、最后放置 Label 的效果

11.2.2　调整窗体的大小

在使用 pack 确定组件的布局时，若调整窗体的大小，则窗体内的组件会进行相应的调整。

（1）放大窗体

在放大窗体时，expand 指定是否要扩展组件以填充窗体中所有的可用空间，fill 指定如何延展以填充可用空间。两个属性不同的组合可以产生不同的布局和调整大小后的效果。

【例 11-4】放大窗体时组件的布局。

```
#exp11-4.py
from tkinter import *
Button(text='Hello, GUI!').pack()    #（a）
mainloop()
```

分别用以下 3 行代码代替例 11-4 程序中（a）处的代码，调整窗体大小，观察按钮随窗体大小改变的情况。可以看到默认情况下将组件放置在窗体上部，即 side=TOP，expand 和 fill 选项结合指定组件延展的方向，默认不随窗体拉伸。运行结果如图 11-6 所示。

```
Button(text='Hello, GUI!').pack(side=LEFT,expand=YES)            #（b）
Button(text='Hello, GUI!').pack(side=LEFT,expand=YES,fill=X)     #（c）
Button(text='Hello, GUI!').pack(side=LEFT,expand=YES,fill=BOTH)  #（d）
```

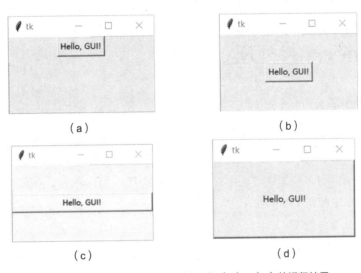

图 11-6　图（a）~（d）分别对应语句（a）~（d）的运行结果

（2）缩小窗体

缩小窗体时，最先放置的组件被最后剪切。在例 11-3 中，Label 首先放置于窗体上部，其次将两个按钮分别放置于左侧和右侧。可以看到窗体缩小时两个按钮被最后剪切，如图 11-7 所示。

改变 3 个组件的放置顺序，最后放置 Label，调整窗体可以发现最先剪切的是 Label，如图 11-8 所示。

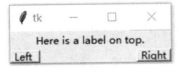

图 11-7　最先放置的 Label 被最后剪切

图 11-8　最后放置的 Label 被最先剪切

11.2.3　anchor 属性

如果分配给组件的空间大于显示组件所需的空间，则 anchor 属性指示将组件放置于所分配空间的位置。

【例 11-5】anchor 属性的应用。

```
#exp11-5.py
Button(root, text='Left ').pack(side=LEFT, anchor=N)
Label(root, text= 'Here is a label on top.').pack(side=TOP)
Button(root, text='Right').pack(side=RIGHT)
```

通过代码"side=LEFT, anchor=N"指定"Left"按钮放置在左侧的上方，显示布局如图 11-9 所示。

图 11-9　例 11-5 的运行结果

11.3　Tkinter 事件处理

11.3.1　绑定回调函数

至此，我们理解了 Tkinter 的基本概念，可以使用 Label 以希望的布局展示信息。接下来我们使用另一个组件 Button（命令按钮）来展示组件如何对用户的动作做出响应。由于 Tkinter 回调（callback）Python 函数处理事件，故事件处理函数也称为回调函数。有两种方式将回调函数关联到组件：通过 command 选项指定和使用 bind() 函数绑定。

【例 11-6】Button 事件处理。

```
#exp11-6.py
from tkinter import *
root = Tk()
btn = Button(root, text=' Click Me ', command=root.quit)
btn.pack(side=LEFT, expand=YES, fill=BOTH)
root.mainloop()
```

运行结果如图 11-10 所示。

Button 用 command 选项注册一个事件处理函数，事件发生时调用该函数。上述代码中调用 quit 方法响应鼠标单击事件。quit 是一个 Tk 对象的方法，用于关闭 GUI 从而结束程序运行。

图 11-10　Button 事件的处理界面

除了使用系统预定义的函数作为事件处理器，也可以自定义回调函数。

【例 11-7】自定义 Button 事件处理函数。

```
#exp11-7.py
import sys
from tkinter import *
def quit():      #自定义回调函数
    print('Bye bye, I am going...')
```

```
        sys.exit()
btn = Button(text=' Click Me ', command=quit)
btn.pack()
btn.mainloop()
```

在回调函数中调用系统的 exit() 函数退出程序，为此需要导入 sys 模块。输出界面与例 11-6 的输出界面相同，单击 "Click Me" 按钮后输出 "Bye bye, I am going... "。需要注意的是，按钮单击事件的回调函数一般不接收参数，回调函数所需的任何状态信息必须通过其他方式获得，如全局变量、类的实例变量等。

除了使用 command 选项绑定回调函数，也可以使用 bind() 函数绑定回调函数，bind() 函数如下。

```
def bind(self, sequence, func):
```

其中，sequence 表示事件类型（如鼠标单击、双击、按键等）的字符串，func 是事件发生时触发的函数，一个事件实例会作为参数传入。常见鼠标及键盘事件的表示方法及含义如表 11-3 所示。

表 11-3　常见鼠标及键盘事件的表示方法及含义

事件类型	含义
< Button-1>	鼠标左键单击
< Button-2>	鼠标中键单击
< Button-3>	鼠标右键单击
< Double-1>	鼠标左键双击
< B1-Motion>	鼠标左键按下并移动
<ButtonPress>/<ButtonRelease>	按下/松开按键
<KeyPress>	键盘按键
<Return>	键盘上的 Enter 键被按下
<Up>/<Down>/<Left>/<Right>	键盘上的箭头按键，即上、下、左、右
<FocusIn>/<FocusOut>	获得/失去焦点
<Enter>/<Leave>	进入/离开窗体
<Destroy>	窗体组件被销毁

【例 11-8】通过 bind() 函数绑定事件。

```
#exp11-8.py
from tkinter import *
def keyPress(event):
    print('Pressed: ',event.char)
def leftClick(event):
    print('Press twice to quit')
def doubleClick(event):
    print('Bye bye, I am going...')
    root.quit()
root = Tk()
root.bind('<Key>', keyPress)
btn = Button(root, text='Click Me')
btn.bind('<Button-1>', leftClick)     #单击
btn.bind('<Double-1>', doubleClick)   #双击
btn.pack()
root.mainloop()
```

运行结果如图 11-10 所示，代码输出结果如下：

```
Pressed: d
Pressed: h
Press twice to quit
Bye bye, I am going...
```

代码中使用 bind()函数为窗体绑定按键（<Key>）的回调函数，当按下键盘后输出该键。按钮绑定了单击（<Button-1>）和双击（<Double-1>）的回调函数，鼠标左键单击后输出字符串 "Press twice to quit"，双击后输出字符串 "Bye bye, I am going..." 并退出。使用 bind()函数比使用 command 选项的方式更为复杂，事实上后者是一种更抽象、更高级的形式。

11.3.2　与回调函数共享数据

将例 11-8 修改为程序在单击两次之后退出，定义全局变量 count 记录单击的次数，从而使 quit() 函数可以访问该变量。

【例 11-9】使用全局变量共享数据。

```
#exp11-9.py
import sys
from tkinter import *
count = 0
def quit():
    global count
    if count<2:
        count += 1
        print('You have clicked {} time(s)'.format(count))
    else:
        print('Bye bye, I am going...')
        sys.exit()
btn = Button(None, text='Press Me', command=quit)
btn.pack()
btn.mainloop()
```

运行结果如图 11-10 所示，代码输出结果如下：

```
You have clicked 1 time(s)
You have clicked 2 time(s)
Bye bye, I am going...
```

使用 Tkinter 可以通过简单的函数调用方式创建 GUI 应用程序，也可以利用 Python 面向对象语言的优势，使用面向对象技术，诸如类的继承和组合等方式扩展基础的 Tkinter 类。下列代码继承 Tk 定义子类 Quit，实现了与例 11-8 相同的功能。

【例 11-10】通过类实例变量共享数据。

```
#exp11-10.py
import sys
from tkinter import *
class Quit(Tk):
```

```
        def __init__(self):
            super().__init__()
            btn = Button(self, text='Press Me', command=self.quit)
            btn.pack()
            self.count = 0
        def quit(self):
            if self.count<2:
                self.count += 1
                print('You have clicked {} time(s)'.format(self.count))
            else:
                print('Bye bye, I am going...')
                sys.exit()
Quit().mainloop()
```

运行结果与图 11-10 类似。

将 count 变量定义为类的实例属性，回调函数 quit() 作为类的方法，可以通过 Python 自动传递的参数 self 访问属性 count，这在较大的 GUI 应用中远比全局变量的方式要灵活。

11.4 其他 Tkinter 组件

11.4.1 Entry 组件

Entry 是简单的单行文本输入组件，一般用于在类似表格的对话框中输入信息。设置和获取实例 ent 的文本的主要方法有 insert、get 和 delete，如下所示。

```
ent.insert(0, 'some text')        #设置文本
ent.insert(END, 'some text')      #追加文本
value = ent.get()                 #获取输入框中的值（字符串）
ent.delete(0, END)                #删除输入框中的所有值
```

下列代码使用 Entry 组件接收用户输入的 Name 和 Job，若输入项均不为空则 "Fetch" 按钮显示用户输入的信息，否则给出提示信息。单击 "Quit" 按钮弹出确认是否退出的提示框。基本对话框中显示警告、错误等。Tkinter 提供的标准对话框在 tkinter.messagebox 模块中，常用的对话框如下。

```
askokcancel(title=None, message=None, **options)    #询问操作是否继续，若是则返回 True
showerror(title=None, message=None, **options)      #显示一个错误提示
showinfo(title=None, message=None, **options)       #显示一条消息
showwarning(title=None, message=None, **options)    #显示一个警告
```

【例 11-11】Entry 组件的使用。

```
#exp11-11.py
import tkinter as tk
from tkinter.messagebox import *
def fetch():
    name, job = e1.get(), e2.get()
    if not(name and job):
```

```
            showwarning('Warning', 'Please input your name and job!')
        else:
            showinfo('Infomation', "Name: {}\nJob: {}".format(name,job))
def quit():
    ans = askokcancel('Verify exit', "Really quit?")
    if ans: root.quit()
root = tk.Tk()
tk.Label(root,text="Name").grid(row=0, column=0)
tk.Label(root,text="Job ").grid(row=1, column=0)
e1 = tk.Entry(root)
e2 = tk.Entry(root)
e1.grid(row=0, column=1)
e2.grid(row=1, column=1)
btn1 = tk.Button(root,text='Fetch', command=fetch)
btn1.grid(row=3,column=0,sticky=tk.W,padx=4,pady=4)
btn2 = tk.Button(root,text='Quit',command=quit)
btn2.grid(row=3,column=1,sticky=tk.E,padx=4,pady=4)
root.bind('<Return>',lambda event:fetch())
tk.mainloop()
```

输入 Name 和 Job 的交互过程如图 11-11 ~ 图 11-13 所示。

图 11-11　输入不为空，显示输入信息　　　　　　图 11-12　一项输入为空，给出警告信息

图 11-13　确认退出

为了实现上述界面布局，可以采用 grid 布局管理方式，通过调用 grid()函数指定组件所在的行和列的值以确定组件的位置。sticky 选项类似于 pack 布局管理中的 anchor，指定组件在所分配的单元格中的位置，取值有 S、N、E 和 W（即南、北、东、西），默认值为 W。"Quit" 按钮通过指定 sticky 值实现左对齐。

在 "Fetch" 按钮的回调函数 fetch()中，通过调用 Entry 的 get()方法获取输入框中用户输入的文本。判断若用户输入值均不为空则调用 showinfo()函数显示输入的信息，如图 11-11 所示。若有一项为空则给出警告信息，如图 11-12 所示。"Quit" 按钮的回调函数 quit()会弹出提示框确认关闭操作，确认后退出，如图 11-13 所示。另外注意，bind()函数为主窗体 root 绑定了方法 fetch()，在按下 Enter 键后同样会输出输入框中的信息。由于事件 Return 会给回调函数传递描述事件信息的参数（Event 的实例），而 fetch()函数不接收参数，所以此处用 lambda()函数屏蔽该参数。

11.4.2　Radiobutton 组件和 Checkbutton 组件

单选按钮 Radiobutton 和复选框 Checkbutton 分别用于实现选项的单选和复选功能：前者从一组选项中选择一项，后者从一组选项中选择一项或多项。二者的操作方式类似于开关，单击按钮使其状态在开与关之间进行切换。

Radiobutton 和 Checkbutton 的功能实现有赖于 tkinter 变量——Tkinter 库中变量类的实例，共有 4 个这样的类，即 StringVar、IntVar、DoubleVar 和 BooleanVar，分别对应字符串、整型、浮点型和布尔型变量。Radiobutton 和 Checkbutton 的状态可以通过 variable 选项直接与变量相关联，单击按钮可以改变变量的值，设置变量的值可以改变关联的按钮状态。

1. 复选框 Checkbutton

【例 11-12】复选框示例。生成图 11-14 所示的界面，用户选择熟悉的语言后单击"State"按钮即输出所选项，如"You are familiar with Python,Java,C++."。

图 11-14　复选框示例

```
#exp11-12.py
from tkinter import *
languages = ['C++','Perl', 'Java', 'Python','C']
class CheckDemo(Frame):
    def __init__(self, parent=None):
        Frame.__init__(self, parent)
        self.pack()
        Label(self, text="Familiar with:").pack()
        frm = Frame(self)
        frm.pack(side=BOTTOM, fill=X)
        Button(frm, text='State', command=self.report).pack(side=LEFT)
        Button(frm, text='Quit ',command=self.quit).pack(side=RIGHT)
        self.vars = []
        for language in languages: #<1>
            var = IntVar()
            Checkbutton(self, text=language,
                        variable=var,).pack(side=LEFT)
            self.vars.append(var)
    def report(self):
        lng = ''
        for idx,var in enumerate(self.vars):
            if var.get():
                lng = languages[idx]+', '+lng
        print("You are familiar with {}".format(lng[:-2]+'.'))
if __name__ == '__main__':
    demo = CheckDemo()
    demo.master.title("Check Demo")
    demo.mainloop()
```

在__init__方法的 for 循环中，通过 variable 选项为每个复选框关联一个 IntVar 的实例。选中一个复选框，相关联的 IntVar 变量值为 1；取消选中，该变量的值为 0。在"State"按钮的回调函数 report()

中，get()函数返回 0 或 1。for 循环通过 enumerate()函数获得当前项的索引，并通过索引获取所有被选中的项对应的值。StringVar 也可以用作复选框的关联变量，此时初始状态是空串，get()函数返回的是字符串"0"或"1"。

2. 单选按钮 Radiobutton

将多个 Radiobutton 使用 variable 属性绑定到同一个变量，则这些按钮属于同一个分组。组中的每个按钮设定 value 选项的值。程序运行中若某个按钮被选中，则关联变量取其 value 选项的值。改变关联变量会自动改变变量所关联的每个单选按钮的状态。若所有按钮的值各不相同，则按下一个按钮设置共享变量为该按钮的值，其他按钮因变量值不同而处于未选中状态。variable 和 value 值是单选按钮实现的基础，按钮组关联同一个 tkinter 变量且每个按钮具有各不相同的值至关重要。

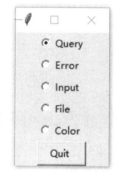

【例 11-13】单选按钮示例。创建一组单选按钮用于演示 Python 的消息框、打开文件对话框和选取颜色对话框，如图 11-15 所示。注意 Radiobutton 和 Checkbutton 的区别，需为一组按钮中的每一个按钮设置相同的 variable 和不同 的 value。

图 11-15　单选按钮示例

```python
#exp11-13.py
from tkinter import *
from tkinter.messagebox import askquestion, showerror
from tkinter.simpledialog import askinteger
from tkinter.filedialog import askopenfilename
from tkinter.colorchooser import askcolor
demos = {
    'Query': lambda: askquestion('Warning', 'Denote all your money.\nConfirm?'),
    'Error': lambda: showerror('Error', "It's lost, pal."),
    'Input': lambda: askinteger('Entry', 'Enter credit card password:'),
    'File':  askopenfilename,
    'Color': askcolor,
}
class Demo(Frame):
    def __init__(self, parent=None):
        Frame.__init__(self, parent)
        self.pack()
        self.var = StringVar()
        self.var.set(list(demos.keys())[0])     #<1>第一个处于选中状态
        for key in demos:
            Radiobutton(self, text=key,
                            command=self.onPress,
                            variable=self.var,
                            value=key).pack(anchor=W)
        Button(self, text='Quit ',command=self.quit).pack(fill=X)

    def onPress(self):
        pick = self.var.get()
        print('you pressed', pick)
        print('result:', demos[pick]())
if __name__ == '__main__':
```

```
d = Demo()
d.master.title("Radios")
d.mainloop()
```

选中"Query""Error"或"Input"单选按钮会打开相应的对话框，如选中"Input"单选按钮会打开输入对话框，如图 11-16所示。选中"File"单选按钮会打开对应的打开文件对话框，选中"Color"单选按钮会打开颜色选择对话框。

图 11-16　单选按钮运行界面

变量和组件的联系是双向的：如果变量的值改变了，则它所关联的组件状态也会随之更新，如<1>处使用 set()方法使初始时第 1 个按钮处于选中状态，其他按钮为未选中状态。另外需注意，单击每个按钮都会触发通过 command 选项注册的回调函数onPress()，不论其当前状态如何。onPress()函数通过 get()方法获得当前选中单选按钮的 value 值，调用 demos 字典中该值所对应的处理函数并返回。

关联变量对 Radiobutton 和 Checkbutton 组件功能的实现尤为重要：通过为一组 Checkbutton 中的每个复选框分配一个变量实现了多选功能，而通过给一组 Radiobutton 中的每个单选按钮关联相同的变量和不同的值实现了一组互斥的单选操作。将一个 tkinter 变量与 variable 选项关联，可以随时获取或改变关联变量的状态以获取或改变组件的状态。

11.4.3　菜单组件

GUI 应用程序通常提供菜单，菜单中包含各种按照主题分组的基本命令。通常，GUI 应用程序包括以下两种类型的菜单。

（1）主菜单：提供窗体的菜单系统。通过单击可弹出下拉菜单，选择其中的选项可执行相关的操作。常用的主菜单一般包括文件、编辑、视图、帮助等。

（2）上下文菜单（也称为快捷菜单）：通过右键单击某对象而弹出的菜单，一般为与该对象相关的常用菜单选项，如文字或图片编辑选项等。

在 Tkinter 库的组件中，使用菜单组件的方式与使用其他组件的方式有所不同。创建 Menu 对象需要指定其父窗体为 Windows 窗口对象，并且通过 Windows 窗口对象的 menu 属性将 Menu 对象添加到窗口中。

实现快捷菜单很简单，程序只要先创建菜单，然后为目标组件的右键单击事件绑定处理函数，当用户单击鼠标右键时，调用菜单的 post()方法即可在指定位置弹出快捷菜单。

【例 11-14】菜单及快捷菜单的应用。

```
#exp11-14.py
from tkinter import *
from tkinter.messagebox import showwarning,showinfo
def todo():
    showwarning('Warning', 'Function not available!')
def showmsg():
    showinfo('About this','Version 1.0.1\nCopyright @2006-2016 B&C Software')
def makemenu(win):
    root = Menu(win)
```

```
        win.config(menu=root)                              #设置菜单选项
        file = Menu(root, tearoff=False)
        file.add_command(label='New',command=todo,underline=0)
        file.add_command(label='Open',command=todo,underline=0)
        file.add_command(label='Quit',command=win.quit,underline=0)
        root.add_cascade(label='File',menu=file)

        edit = Menu(root, tearoff=False)
        edit.add_command(label='Copy',command=todo,underline=0)
        edit.add_command(label='Paste',command=todo,underline=0)
        edit.add_separator()
        root.add_cascade(label='Edit',menu=edit)
        submenu = Menu(edit)
        submenu.add_command(label='Picture', command=todo)
        submenu.add_command(label='Music', command=todo)
        edit.add_cascade(label='Insert',menu=submenu,underline=0)
        hlp = Menu(root, tearoff=False)
        hlp.add_command(label='About',command=showmsg,underline=0)
        root.add_cascade(label='Help',menu=hlp)
def popmenu(win):
        msg = Text(root, relief=SUNKEN, width=60, height=20)
        msg.pack(expand=YES, fill=BOTH)
        msg.insert(END,'Popup menu display.')
        msg.bind('<Button-3>',lambda event: popup_menu.post(event.x_root,event.y_root))
        def set_size(s):
            msg['font'] = ('Times New Roman', s)
        def sizedecrator(fun,**kwds):
            return lambda fun=fun, kwds=kwds: fun(**kwds)

        popup_menu = Menu(win,tearoff = 0)
        sizes = {'Large':20, 'Medium':14,'Small':8}
        for key in sizes.keys():
            popup_menu.add_command(label=key, command=sizedecrator(set_size,s=sizes[key]))
if __name__ == '__main__':
    root = Tk()
    root.title('Menus')
    makemenu(root)
    popmenu(root)
    root.geometry("300x180")
root.mainloop()
```

运行结果如图 11-17 所示。

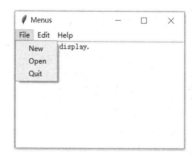 

图 11-17　菜单及快捷菜单的运行界面

11.5　登录程序示例

【例 11-15】登录程序示例。

用户身份验证是应用程序中最普遍的功能，本节使用 Tkinter 设计一个登录页面。用户输入用户名和密码，确认输入正确后给出欢迎信息，不正确则提示用户名或密码错误。程序的运行结果如图 11-18 所示。

程序的总体结构如下。

```
#exp11-15.py
import tkinter as tk
def check(nm, pw,acctfile='accounts.txt')...
class Login(tk.Tk):
    def __init__(self)...
    def setup_UI(self)...
    def ok(self)...
    def cancel(self)...
    def login(self,nm,pw)...
if __name__ == '__main__':
    Login().mainloop()
```

程序将用户名和密码存放在文件 accounts.txt 中，用户输入完毕并单击 "OK" 按钮后，调用 check() 函数判断输入的用户名和密码是否与文件中的相匹配。accounts.txt 文件中的内容如图 11-19 所示，check()函数的定义如下。

图 11-18　登录程序界面

图 11-19　accounts.txt 文件中的内容

```
def check(nm, pw,acctfile='accounts.txt'):
    with open(acctfile) as infile:
        for line in infile:
            account = line.split(',')
            name, password = account[0].strip(), account[1].strip()
            if name==nm and password == pw:
                return True
        return False
```

Login 继承自 Tk，是程序的主类，其中__init__方法进行初始化工作并调用 setup_UI()方法绘制程序界面。

```
    def __init__(self):
        super().__init__()
        self.title('Login')
        self.setup_UI()
```

setup_UI()方法使用 grid 几何布局管理器放置两组 Label 和 Entry，分别用于显示和输入用户名和密码信息。为了实现图 11-18 所示的界面布局，需要借助 Frame 容器，将同一行的组件放置在一个 Frame 中，再添加到父窗体中。注意：两个 Entry 均绑定了 Tkinter 的字符串变量，以便在回调函数中访问。

```python
def setup_UI(self):
    rows = []
    for i in range(4):
        rows.append(tk.Frame(self))
        rows[i].pack(fill="x",ipadx=1, ipady=2)
    tk.Label(rows[0], text='Name: ', width=12).pack(side=tk.LEFT)
    self.name = tk.StringVar()
    self.entnm = tk.Entry(rows[0], textvariable=self.name, width=20)
    self.entnm.pack(side=tk.LEFT)
    tk.Label(rows[1], text='Password: ', width=12).pack(side=tk.LEFT)
    self.pw = tk.StringVar()
    tk.Entry(rows[1], textvariable=self.pw, show='*',width=20).pack(side= tk.LEFT)
    self.status = tk.StringVar()
    self.statusLabel = tk.Label(rows[2], text='',fg="red",textvariable=self.status, width=36)
    self.statusLabel.pack(side=tk.RIGHT)
    tk.Button(rows[3], text="OK", width=6,command=self.ok).pack(side=tk.RIGHT,ipadx=2)
    tk.Button(rows[3],text="Cancel",width=6,command=self.cancel).pack(side=tk.RIGHT,ipadx=2)
```

单击"OK"按钮回调函数调用 login 进行输入验证。若输入项均不为空，则调用 check()函数验证输入是否合法并给出相应的信息；若输入为空则给出提示信息。单击"Cancel"按钮可以清空文本框中的文本然后重新输入。

```python
def ok(self):
    self.login(self.name.get(),self.pw.get())
def login(self,nm,pw):
    if nm and pw:
        validate = check(nm, pw)
        if validate:
            self.status.set('Welcome! ' + str(nm))
        else:
            self.entnm.config(fg='red')
            self.status.set('Incorrect name or password! ')
    else:
        self.status.set('Please input name and password! ')
def cancel(self):
    self.name.set("")
    self.pw.set("")
```

本章小结

本章以程序实例为基础，由浅入深地介绍了 Tkinter 的主要组件及其使用，详细介绍了 pack 几何布局管理器的工作原理及实现细节，介绍了 Tkinter 事件处理机制及在 Python 中的实现方式，最后给出了一个简单登录程序的示例。

习题

1. 定义一个 Entry 控件，绑定字符串变量，按 Enter 键输出 Entry 中的字符串。

```
Contents of entry is: this is a variable
```

效果如图 11-20 所示。

2. 向窗体中添加一个按钮，如图 11-21 所示。单击按钮打开颜色选择器（参照例 11-13），为按钮设置背景色。

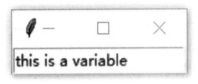

图 11-20　第 1 题的效果图

图 11-21　第 2 题的效果图

3. 使用 grid 几何布局管理实现登录程序，用户确认后打开对话框并给出欢迎信息或错误提示。

12

第12章 数据库编程

随着数据库技术的广泛应用，开发各种数据库应用程序已成为计算机应用的一个重要方面。进行数据库编程前首先需要掌握一些访问数据库的技术和方法。常见的数据库管理系统有 SQL Server、MySQL、Access、Oracle、SQLite 等，它们都提供了 Python 接口，由于篇幅所限，本章主要基于 SQLite 和 MySQL 数据库介绍 Python 连接数据库并执行基本操作的方法。

Python 数据库编程，从技术角度解决了数据的有效存储和使用问题，数据库操作的规律提示我们要规范做事、严谨做人，做人做事都要讲规矩、守底线，这是形成社会主义核心价值观的重要基础。

本章重点

- Python 连接数据库的技术
- 数据库的增、删、查、改等操作方法

学习目标

- 了解 Python 连接到不同数据库的方法
- 掌握 SQLite 数据库的创建方法及对数据记录进行操作的方法
- 了解 MySQL 数据库的操作

12.1 SQLite 数据库

12.1.1 SQLite 简介

数据库编程

SQLite 提供一种轻量级、基于磁盘文件的嵌入式数据库，它的数据库就是一个文件。由于 SQLite 本身是用 C 语言编写的，而且体积很小，所以经常被集成到各种桌面和移动应用程序中。SQLite 提供了符合 DB-API 2.0 规范（PEP 249）的接口。

从 Python 2.5 开始，Python 内置了 SQLite 3，在 Python 中可以直接使用 SQLite 而不需要安装。SQLite 的驱动内置在 Python 标准库中，所以我们可以直接操作 SQLite 数据库。Python 标准库中的 SQLite 3 提供该数据库的接口，大大方便了用户使用 Python SQLite 数据库开发小型数据库应用系统。Python 的数据库模块有统一的接口标准，所以数据库操作有统一的模式，操作 SQLite 3 数据库的主要函数如表 12-1 所示。

表 12–1　操作 SQLite 3 数据库的主要函数

函数	说明
sqlite3.connect(database)	打开数据库文件 database 的连接并返回一个连接对象。若数据库不存在，则创建一个数据库
connection.cursor()	创建一个 Cursor 对象
cursor.execute(sql)	执行一个 SQL 语句。sqlite3 模块支持两种类型的占位符：问号和命名占位符
cursor.executemany(sql, para)	对 parameters 中的所有参数执行一个 SQL 命令
cursor.fetchone()	获取查询结果集中的下一行，没有更多可用数据时返回 None
cursor.fetchmany(size)	返回查询结果集 size 行构成的一个列表，没有可用的数据时返回空列表
cursor.fetchall()	获取查询结果集中所有（剩余）的行，返回一个列表。没有可用的数据时返回空列表
connection.commit()	提交当前事务
connection.rollback()	回滚自上一次调用 commit() 以来对数据库所做的更改
connection.close()	关闭数据库连接，注意此时不会自动调用 commit()

12.1.2 操作 SQLite 数据库的基本步骤

SQLite 3 数据库中的 Connection 对象表示到数据库的连接，用于生成游标对象。Cursor 对象表示作为字符串提交的 SQL 语句，用于访问和遍历 SQL 语句的执行结果。查询语句的返回结果以元组构成的列表返回代码，表示数据库表中的行。最常用的方法是 Cursor 对象的 execute(sqlstring [, parameters])，用于执行 SQL 语句，如 DDL（数据定义语句，如 CREATE TABLE）、DML（数据操控语句，如 UPDATE、INSERT）、DQL（数据查询语句，如 SELECT）。在 Python 中操作 SQLite 数据库的基本步骤描述如下。

（1）Python 标准库中带有 sqlite3 模块，可直接导入。

```
import sqlite3
```

（2）建立数据库连接，返回 Connection 对象，使用数据库模块的 connect()函数建立数据库连接，返回连接对象 con。

```
con=sqlite3.connect(conn_str)  #连接到数据库，返回 sqlite3.connection 对象
```

conn_str 是连接字符串。对于不同的数据库连接对象，连接字符串的格式不同，sqlite 的连接字符串为数据库的文件名。

（3）创建游标对象。

游标对象能够灵活地对从表中检索出的结果集进行操作，调用 Connection 对象的 cursor() 创建游标对象。

```
cur=con.cursor()
```

（4）使用 Cursor 对象的 execute() 方法执行 SQL 命令返回结果集。

cur.execute(sql)：执行 SQL 语句。

cur.execute(sql, parameters)：执行带参数的 SQL 语句。

cur.executemany(sql, params)：根据参数执行多次 SQL 语句。

cur.executescript(sql_script)：执行 SQL 脚本。

（5）获取游标的查询结果集，调用以下方法返回查询结果。

cur.fetchone()：返回结果集的下一行（Row 对象），无数据时返回 None。

cur.fetchall()：返回结果集的剩余行（Row 对象列表），无数据时返回空列表。

cur.fetchmany()：返回结果集的多行（Row 对象列表），无数据时返回空列表。

（6）数据库的提交或回滚。

con.commit()：事务提交。

con.rollback()：事务回滚。

（7）关闭 Cursor 对象和 Connection 对象，方法如下。

cur.close()：关闭 Cursor 对象。

con.close()：关闭 Connection 对象。

12.1.3　数据库操作实例

下面创建数据库 dbase1 用于存放某公司的员工信息，创建表 people 用于存放员工的姓名、职位和薪水信息，并进行数据库的增、查、改、删操作。

（1）导入 sqlite3 模块

```
>>> import sqlite3
>>> conn = sqlite3.connect('dbase1.db')
>>> curs = conn.cursor()
```

首先导入 sqlite3 模块，在当前目录下创建数据库文件 dbase1.db 并打开，将连接到该数据库的对象保存到 conn，然后获取连接上的游标 curs。

（2）创建表

```
>>> tblcmd = 'create table people (name char(30), job char(10), pay int(4))'
>>> curs.execute(tblcmd)
```

tblcmd 变量以字符串形式记录创建表 people 的 SQL 语句，将其作为参数调用游标 curs 的 execute() 方法，并创建表。

（3）新增记录

```
>>> curs.execute('insert into people values (?, ?, ?)', ('Bob', 'dev', 5000))
```

execute()方法执行 SQL 语句向表 people 中插入一条记录。注意不要使用 Python 的字符串操作来创建查询语句，因为这样不安全，会使程序容易受到 SQL 注入攻击。推荐使用 DB-API 的参数替换。在 SQL 语句中，使用 "?" 占位符来代替值，然后把对应值组成的元组作为 execute()方法的第 2 个参数。可以使用 sqlite3.paramstyle 来查看 SQLite 数据库使用的参数占位符，如下所示。

```
>>> sqlite3.paramstyle
'qmark'
```

若要查看刚才的操作影响到的数据库中记录的条数，则可以使用 Cursor 对象的 rowcount 属性。

```
>>> curs.rowcount
1
```

在向数据库中插入一条记录后，返回值为 1。如果需要一次插入多条记录，则可以使用 Cursor 对象的 executemany()方法。该方法使用列表中的所有元组作为参数执行 SQL 命令。

```
>>> curs.executemany('insert into people values (?, ?, ?)',[('Sue', 'mus',
        '70000'), ('Ann', 'mus', '60000')])
```

另外，也可以将数据存放在序列中，在 for 循环中执行 execute()方法以插入多条记录。

```
>>> rows = [['Tom', 'mgr', 100000],
        ['Kim', 'adm', 30000],
        ['pat', 'dev', 90000]]
>>> for row in rows:
        curs.execute('insert into people values (? , ?, ?)', row)
```

为了将对数据库所做的修改反映在数据库中，需要调用 Connection 对象的 commit()方法。否则，自上一次调用 commit()方法以来所做的任何动作对其他数据库连接来说都是不可见的，数据库连接关闭后所做的修改可能丢失。

```
>>> conn.commit()
```

（4）查询数据

若要在执行 SELECT 语句后获取数据，则可以调用它的 fetchone()方法来获取一个匹配的行，也可以调用 fetchall()获取包含多个匹配行的列表。

```
>>> curs.execute('select * from people')
>>> curs.fetchone()
('Bob', 'dev', 5000)

>>> curs.fetchall()
[('Sue', 'mus', 70000), ('Ann', 'mus', 60000), ('Tom', 'mgr', 100000),
('Kim', 'adm', 30000), ('pat', 'dev', 90000)]
```

注意，fetchone()方法返回一条记录，fetchall()方法将所有剩余的记录返回。此时所有记录已遍历完毕，再次调用 fetchone()或 fetchall()方法将不会返回任何结果。

也可以使用 for 循环遍历结果集。

```
>>> for row in curs.fetchall():
        print(row)
('Bob', 'dev', 5000)
('Sue', 'mus', 70000)
('Ann', 'mus', 60000)
('Tom', 'mgr', 100000)
('Kim', 'adm', 30000)
('pat', 'dev', 90000)
```

由上述例子可知，Python 将查询的结果集存储为由元组构成的列表，其中每条记录是一个元组。若要获取 people 表中所有的姓名信息，则可以使用下列代码来提取结果集中的姓名字段。

```
>>> curs.execute('select * from people')
>>> names = [rec[0] for rec in curs.fetchall()]
>>> names
['Bob', 'Sue', 'Ann', 'Tom', 'Kim', 'pat']
```

注意，上述第 2 行代码使用列表推导式来提取记录中的姓名信息，以生成新的列表。在查询结果集中姓名字段是每条记录的第一个字段，故下标为 0。同理，若要查询该公司所有不同的职位，则需要访问记录中的第 2 个字段。因为每个人的职位信息有重复，所以需要使用集合推导式。

```
>>> jobs = {rec[1] for rec in curs.fetchall()}
>>> jobs
{'mus', 'mgr', 'adm', 'dev'}
```

条件查询的情况类似。若要查询年薪大于 60000 的员工姓名和职位，则代码如下。

```
>>> curs.execute('select name, job from people where pay > 60000')
>>> curs.fetchall()
[('Sue', 'mus'), ('Tom', 'mgr'), ('pat', 'dev')]
```

更常见的情况是将查询语句作为 execute()方法的第 1 个参数，而将查询条件作为第 2 个参数执行查询操作。

```
>>> query = 'select name, job from people where pay >= ? order by name'
>>> curs.execute(query, [60000])
>>> for row in curs.fetchall():
print(row)
('Ann', 'mus')
('Sue', 'mus')
('Tom', 'mgr')
('pat', 'dev')
```

（5）更新数据

若需将所有年薪小于等于 60000 的员工工资提高为 65000，则同样使用两个参数的 execute()方法，代码如下。

```
>>> curs.execute('update people set pay=? where pay <= ?', [65000, 60000])
>>> conn.commit()
```

```
>>> curs.rowcount
3
```

上述更新操作影响数据库中的 3 条记录。可以使用 SELECT 语句查看更新后的结果。

```
>>> curs.execute('select * from people')
>>> curs.fetchall()
[('Bob', 'dev', 65000), ('Sue', 'mus', 70000), ('Ann', 'mus', 65000), ('Tom',
'mgr', 100000), ('Kim', 'adm', 65000), ('pat', 'dev', 90000)]
```

（6）删除数据

删除数据操作的 Python 语法和更新数据操作的 Python 语法类似。

```
>>> curs.execute('delete from people where name = ?', ['Bob'])
>>> curs.rowcount
1

>>> curs.execute('delete from people where pay >= ?',(90000,))
>>> curs.execute('select * from people')
>>> curs.fetchall()
[('Sue', 'mus', 70000), ('Ann', 'mus', 65000), ('Kim', 'adm', 65000)]
>>> conn.commit()
```

除上述 "?" 占位符外，SQLite 的另外一种参数形式是命名占位符。命名占位符采用冒号加 key 的形式作为占位符，参数为字典形式。例如，上述删除语句也可以写为下列代码。

```
curs.execute('delete from people where pay >= :highpay',{'highpay':90000})
```

（7）关闭游标和数据库连接

```
>>> curs.close()
>>> conn.close()
```

注意：以上脚本中的 execute 语句返回的是 sqlite3.Cursor 对象，因其不影响理解，故均未在代码中列出。

12.2 MySQL 数据库

Python 应用的后端数据库中普及率最高的是 MySQL，与其相关的监控和运维的工具十分丰富，安装和使用很方便。Python 定义了一套操作数据库的 API 接口，任何数据库要连接到 Python，只需要提供符合 Python 标准的数据库驱动即可。MySQL 连接到 Python 有一系列的驱动程序，其中 MySQL Connector 是纯 Python 语言开发的符合 PEP 249 标准的驱动，其 pip 安装方式如下。

```
pip install mysql-connector
```

在安装 MySQL 数据库和 MySQL Connector 驱动之后，下面以 MySQL 数据库为例，展示数据库和表的创建，以及数据的增、改、查、删的过程。操作 MySQL 数据库和操作 SQLite 数据库的基本步骤是一致的。

（1）导入 MySQL Connector 模块

连接数据库，获取连接上的游标。

```
>>> import mysql.connector
>>> cnx = mysql.connector.connect(user='root', password='123456',host='127.0.0.1')
>>> cursor = cnx.cursor()
```

创建到 MySQL 数据库的连接时，需要指定安装时设置的用户名 user 和密码 password。

（2）创建数据库表

新建数据库表 employees 用于存放员工信息，departments 表用于存放部门信息，salaries 表用于存放工资信息。其他数据库表本书不涉及，故在此不做介绍。

```
>>> cursor.execute("CREATE DATABASE employees DEFAULT CHARACTER SET 'utf8'")
>>> cursor.execute("USE employees")  #指定当前操作的数据库
>>> employees=(
    "CREATE TABLE 'employees' ("
    "  'emp_no' int(11) NOT NULL AUTO_INCREMENT,"
    "  'birth_date' date NOT NULL,"
    "  'first_name' varchar(14) NOT NULL,"
    "  'last_name' varchar(16) NOT NULL,"
    "  'gender' enum('M','F') NOT NULL,"
    "  'hire_date' date NOT NULL,"
    "  PRIMARY KEY ('emp_no')"
    ") ENGINE=InnoDB)
>>> departments= (
    "CREATE TABLE 'departments' ("
    "  'dept_no' char(4) NOT NULL,"
    "  'dept_name' varchar(40) NOT NULL,"
    "  PRIMARY KEY ('dept_no'), UNIQUE KEY 'dept_name' ('dept_name')"
    ") ENGINE=InnoDB)
>>> salaries = (
    "CREATE TABLE 'salaries' ("
    "  'emp_no' int(11) NOT NULL,"
    "  'salary' int(11) NOT NULL,"
    "  'from_date' date NOT NULL,"
    "  'to_date' date NOT NULL,"
    "  PRIMARY KEY ('emp_no', 'from_date'), KEY 'emp_no' ('emp_no'),"
    "  CONSTRAINT 'salaries_ibfk_1' FOREIGN KEY ('emp_no') "
    "    REFERENCES 'employees' ('emp_no') ON DELETE CASCADE"
    ") ENGINE=InnoDB)
>>> cursor.execute(employees)
>>> cursor.execute(departments)
>>> cursor.execute(salaries)
```

（3）向表中插入数据

```
>>> from datetime import date
>>> hire_date = date(2018,12,1)
>>> add_employee = ("INSERT INTO employees"
                "(first_name, last_name, hire_date, gender, birth_date)"
                "VALUES (%s, %s, %s, %s, %s)")
>>> data_employee = ('Angus', 'Gust ', hire_date, 'M', date(1980, 6, 4))
>>> cursor.execute(add_employee, data_employee)
```

在上述代码中，使用 Python datetime 库的函数 date()生成日期字段并插入表中。注意，MySQL 使用%s 作为占位符，也可以使用如下格式显式地指定每个待插入的值对应的字段。

```
>>> add_employee = ("INSERT INTO employees"
  "(first_name,last_name,hire_date,gender,birth_date)""VALUES(%(first_name)s, %(last_name)s, %( hire_date)s, %( gender)s, %( birth_date)s)")
```

由于本节使用的是 MySQL 的示例数据库，所以可以下载数据文件，然后在 MySQL 客户端使用如下命令导入数据。注意，"…" 表示省略的文件路径，使用实际存放目录替换即可。

```
source …\load_departments.dump
source …\load_employees.dump
source …\load_salaries.dump
```

（4）查询记录

以下语句的作用是查询在 2009 年 1 月 1 日到 2019 年 1 月 1 日期间雇佣的所有员工信息，并使用 for 循环遍历输出所有雇员的信息。由于数据量较大，在此不再列出查询结果。

```
>>> query = ("SELECT first_name, last_name, hire_date FROM employees""WHERE hire_date BETWEEN %s AND %s")
>>> hire_start, hire_end =date(2009,1,1), date(2019,1,1)
>>> cursor.execute(query, (hire_start, hire_end))
>>> for (first_name, last_name, hire_date) in cursor:
        print("{},{} was hired on {}".format(last_name, first_name, hire_date))
```

for 循环中使用列名 first_name、last_name、hire_date 访问引用数据，游标的 description 属性提供了列名信息。

```
>>> for rec in (cursor.description):
            print(rec [0])
first_name
last_name
hire_date
```

同样地，也可以遍历使用 fetchall()方法读取的所有记录。

```
>>> cursor.execute(query, (hire_start, hire_end))
>>> for e in cursor.fetchall():
            print(e)
```

（5）更新记录

将年薪低于 50000 的员工工资增加 20%，代码如下。

```
>>> low_salary = 50000
>>> inc_salary = 'update salaries set salary = salary*1.2 where salary < %s'
>>> cursor.execute(inc_salary,(low_salary,))
>>> cnx.commit()
```

（6）删除记录

将名字为 "Hilari" 的员工信息删除，代码如下。

```
    name = 'Hilari'
>>> cursor.execute('delete from employees where first_name = %s',(name,))
```

（7）关闭游标和数据库连接

```
cursor.close()
cnx.close()
```

12.3　数据库开发实例——知识问答测试

【例 12-1】基于 SQLite 数据库，创建一个简单的知识问答程序。

创建数据库 qa.db 后再创建表 quiz 用于存放题库中的题目，表中有 6 个字段，分别表示题干、4 个选项和答案。从 CSV 文件中读入数据，并将记录插入表 quiz 中。存放题目的文件 q&a.csv 用 "," 分隔题目的各数据项。本案例的实现过程如下。

1. 创建数据库

Python 提供一个单独的 csv 模块以便高效地处理此类数据。csv 模块中的 reader 类可用于读取序列化的数据，将 CSV 文件中的每一行作为一个字符串列表读出。使用 with 语句打开文件并读取其中的内容，这样可以保证文件处理过程中不论是否发生异常都能正常地关闭。由于文件中存放的是中文字符，为了保证能正常打开，需要设置编码格式为'UTF-8'。创建数据库的代码如下。

```
import sqlite3
import csv
conn = sqlite3.connect('qa.db')
cur = conn.cursor()
cur.execute('''create table if not exists quiz(quest varchar(80),
            opt_a varchar(20), opt_b varchar(20),
            opt_c varchar(20), opt_d varchar(20), ans char(1))''')
with open(r'\Python-workspace\qa\q&a.csv', newline='',encoding='UTF-8') as csvfile:
    recs = csv.reader(csvfile)
for row in recs:
        cur.execute('insert into quiz values (?, ?, ?, ?, ?, ?)', row)
conn.commit()
cur.close()
conn.close()
```

2. 数据库的使用

将数据写入数据库之后，定义 readdb 函数读取数据库中的记录，用于生成测试题。代码中使用 try-except 结构处理可能的异常。代码如下。

```
import sqlite3
def readdb():
    try:
        conn = sqlite3.connect('qa.db')      #连接数据库 qa.db
        cur = conn.cursor()
        cur.execute('select * from quiz')     #读取数据表 quiz 中的所有记录
```

```
        recs = cur.fetchall()
        return recs
    except e:
        print(e)
    else:
        conn.commit()
    finally:
        cur.close()
        conn.close()
```

3. 程序的主体结构

（1）类 Quiz 实现程序的主要功能。程序启动时在 __init__ 方法中调用 setup()方法用于生成程序界面，用户单击 "Next" 按钮调用 next()方法，判断用户选择是否正确并生成下一题，用户单击 "Quit" 按钮调用 callback()方法退出程序。

（2）__init__ 方法初始化各组件和变量。需要注意的是，由于每一题都需要重新加载题干和选项，刷新成绩，所以 next()方法需要访问的组件均定义为类 Quiz 的成员，从而方便在 next()方法中引用。

（3）setup()方法用于绘制用户界面。使用 Tkinter 的 Lable 组件显示题干和得分，Radiobutton 组件展示 4 个选项，两个 Button 用于实现下一题和退出操作。所有组件的布局使用 pack 方法管理。

（4）next()函数处理单击下一题的事件。首先通过比较所选答案和读取的答案以判断用户是否正确作答。若答案正确，则给出提示信息并刷新得分，否则给出正确答案。然后刷新题目信息，显示下一题的题干和选项。

（5）callback()函数处理单击退出的事件。用户单击 "Quit" 按钮后，确定退出则调用 sys 模块中的 exit()函数退出应用程序。

程序的主体代码如下。

```
from loaddata import readdb
import tkinter as tk
from tkinter.messagebox import *
import sys

class Quiz(tk.Frame):
    def __init__(self,master=None): …
    def setup(self): …
    def next(self): …
    def callback(self):…

def __init__(self,master=None):
    super().__init__()
    self.pack()
    self.ans_var = tk.IntVar()          #绑定用户答案的变量
    self.ans_var.set(5)
    self.scr_var = tk.IntVar()          #记录用户得分的变量，绑定文本框 self.score
    self.scr_var.set(0)
    self.quest = self.score = None      #分别用于显示题干和得分
    self.recs = readdb()                #调用 loaddata 模块中的 readdb()函数获取题目信息
    self.count = 0                      #记录用户已作答的题目数
```

```
        self.rad = []                          #单选按钮，记录 4 个选项
        self.setup()                           #调用 setup()方法绘制界面


    def setup(self):
        self.quest = tk.Label(self, text=self.recs[0][0],width=40,wraplength = 240)
        self.quest.pack(side=tk.TOP)
        for i in range(4):
                self.rad[i] = tk.Radiobutton(self,text=self.recs[0][i+1], \
                    variable = self.ans_var, value = str(ord('A')+i))
                self.rad[i].pack()
        f = tk.Frame(self,width=200)
        tk.Button(f, text='Next',command = self.next).pack(side=tk.LEFT)
        self.score = tk.Label(f, text='Score:', width=20,fg="red",
textvariable=self.scr_var)
        self.score.pack(side=tk.LEFT)
        tk.Button(f, text='Quit',command =self.callback).pack(side=tk.RIGHT)
        f.pack()


    def next(self):
            if chr(self.ans_var.get())== self.recs[self.count][5]:
                showinfo("Answer:","Correct!")
                self.scr_var.set(self.scr_var.get()+10)
                self.score["text"] = "Scores:"+str(self.scr_var)
            else:
                showinfo("Try more", "The correct answer is: "+self.recs[self.
count][5])
            self.count += 1
            if self.count>=len(self.recs):
                showinfo("Tip", "Finished!")
                return
            self.quest["text"] = self.recs[self.count][0]
            self.ans_var.set(0)
            for i in range(4):
                self.rad[i]["text"] = self.recs[self.count][i+1]


    def callback(self):
            if askyesno('Verify', 'Sure to quit?'):
                sys.exit()
            else:
                return


if __name__ == "__main__":
        qz = Quiz()
        qz.master.title("Quizzes")
        qz.master.maxsize(800, 400)
        qz.mainloop()
```

结果分别如图 12-1~图 12-3 所示。

图 12-1 回答正确界面

图 12-2 回答错误界面

图 12-3 退出程序界面

本章小结

在 Python 中操作数据库时，要先导入数据库对应的驱动，然后通过 Connection 对象和 Cursor 对象操作数据。要确保打开的 Connection 对象和 Cursor 对象都能正确地被关闭，否则资源可能会被泄露。

习题

使用 SQLite 数据库或 MySQL 数据库设计一个学生通信录，初始数据从 CSV 文件读入，可以查询、添加、删除记录信息。

13

第 13 章　图形绘制

在多数情况下，无论计算方法多么完善、结果多么准确，人们还是很难直接从大量的数据中感受它们的具体含义和内在规律。而图形能使数据可视化，是人们研究科学、认识世界不可缺少的手段。因此，图形绘制成为现代程序设计语言的一项重要功能。本章主要介绍 Python 的图形图像处理工具，包括 Matplotlib 库和 PIL 等。

Python 图形绘制技术为程序设计带来了极大的便利，同时这也是一项飞速发展的技术，提示我们要培养努力学习、终身学习的品质。

本章重点

- Matplotlib 库的绘图流程
- Matplotlib 库的基本绘图函数的使用

学习目标

- 掌握使用 Matplotlib 库绘制基本图形的方法
- 熟悉利用 PIL 处理图形图像的基本流程

13.1　Matplotlib 库

图形绘制

13.1.1　Matplotlib 库概述

Matplotlib 库是一个 Python 的 2D 绘图库，它以各种硬复制格式和跨平台的交互式环境生成出版质量级别的图形。Matplotlib 库可以方便地实现数据的展示，完成科学计算中数据的可视化。Matplotlib 库中有非常多的可视化绘图类，内部结构复杂。本章主要介绍其中的绘图子模块 pyplot。pyplot 模块提供了一套和 MATLAB 类似的绘图方法，这些方法把复杂的内部结构隐藏起来，通过简洁的绘图函数来实现不同的绘图功能，为用户提供了更加友好的接口。一般采用如下方式引入 Matplotlib 库中的 pyplot 模块。

```
>>> import matplotlib.pyplot as plt
```

如果想了解更多 Matplotlib 库的内容，则请参考 Matplotlib 库的官方网站。Matplotlib 库的绘图元素如图 13-1 所示。

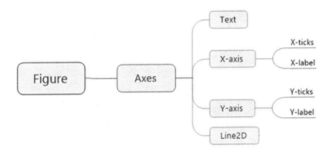

图 13-1　Matplotlib 库的绘图元素

图形显示区由若干元素组成：中间区域是绘制得到的图形及相关元素（如图例、文字说明等），左侧为纵坐标轴及其相关信息，底部为横坐标轴及其相关信息。Matplotlib 库基本的绘图流程如下。

（1）创建画布

使用 figure() 函数创建一个空白画布，并且使它成为当前的绘图对象，可以指定画布的大小。若绘制图像之前不调用 figure() 函数，则 plt 子库会自动创建一个默认的绘图区域。

（2）设置图形参数

添加标题，设置坐标轴的属性，包括名称、刻度与范围等。这些操作没有先后顺序，常用的方法如表 13-1 所示。

表 13-1　Matplotlib 库常用的属性设置方法

方法	说明
title()	设置当前绘图区的标题，可以指定标题的位置、颜色、字体等参数
xlabel()/ylabel()	设置 x/y 轴的标签，可以指定位置、颜色、字体等参数
xlim(xmin, xmax)/ylim(ymin,ymax)	设置或返回 x/y 轴的取值区间
xticks()/yticks()	设置或返回 x/y 轴的刻度的数目与取值
legend(str)	设置绘图区的图例
axis()	获取或设置坐标轴属性

续表

方法	说明
annotate(s,xy,xytext,xycoords, textcoords, arrowprops)	用箭头在指定数据点创建一个注释或一段文本
text(x,y,s,fontdic,withdash)	为 axes 图轴添加注释
grid(True/False)	打开或关闭坐标网格

（3）绘制图形

调用 plt 库的绘图函数绘制图形，plt 库的基础绘图函数如表 13-2 所示。

表 13-2　plt 库的基础绘图函数

函数	说明
polt(x, y, label, color, width)	根据 x、y 数组绘制曲线
bar(left, height, width, bottom)	绘制一个条形图
pie(data,explode)	绘制饼图
scatter()	绘制散点图
hist(x, bins, normed)	绘制直方图

（4）保存并显示图形

使用 plt.savafig 方法保存绘制的图片，可以指定图片的分辨率、边缘的颜色等参数。使用 plt.show 方法在本机显示图形。

13.1.2　使用 plot() 函数绘制曲线图

曲线图（Line Chart）是指将数据点按照顺序连接起来的图形，其主要功能是查看因变量 y 随着自变量 x 改变的趋势。

【例 13-1】使用 plot() 函数绘制 $y=x^2$ 曲线。

```python
#exp13-1.py
import numpy as np
import matplotlib.pyplot as plt
plt.figure(figsize=(6,4)) #指定画布大小
data = np.arange(0,1.1,0.1)
plt.title('line y=x^2') #添加标题
plt.xlabel('x')#添加 x 轴的名称
plt.ylabel('y')#添加 y 轴的名称
plt.xlim((0,1))#确定 x 轴的范围
plt.ylim((0,1))#确定 y 轴的范围
plt.xticks([0,0.2,0.4,0.6,0.8,1])#确定 x 轴的刻度
plt.yticks([0,0.2,0.4,0.6,0.8,1])#确定 y 轴的刻度
plt.plot(data,data**2)#添加 y=x^2 曲线
plt.legend(['y=x^2'])  #添加图例
plt.savefig('y=x^2.png')  #保存图片到当前目录下
plt.show() #显示图形
```

运行结果如图 13-2（a）所示。

plot() 函数中的参数指定了横坐标 x 的取值范围和与 x 对应的纵坐标的取值范围。Plot() 函数默认

情况下绘制出的图形是连续的，不过也可以通过增加线型格式字符串来控制点线的颜色、风格，从而绘制出各式各样的图形。例如，其他代码不变，将绘图函数调用改为如下代码。

```
plt.plot(data,data**2,'r+-.')
```

绘制出的图形如图 13-2（b）所示。代码中 plot()函数的第 3 个参数 "r+-." 是格式字符串，其中 "r" 用来控制输出的图形颜色为红色，点格式字符 "+" 指定输出的图形的点，线格式字符 "-." 用来控制连接点的线为点画线。除上述字符外，还有一些其他的字符对应不同的图形风格，请参阅 Matplotlib 文档。

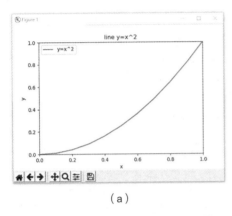 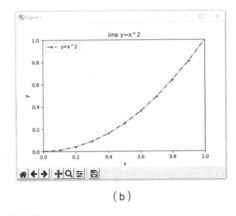

图 13-2　绘制的曲线

另外，plot()函数支持在一块画布中绘制多个图形，通过 grid()函数显示绘图网格，或者使用 annotate()函数添加注释。annotate()函数所用到的主要参数说明如下。

s：注释的内容，在字符串前后添加 "$" 符号，Matplotlib 会使用其内置的 latex 引擎绘制数学公式。

xytext：注释文字所处的位置。

xy：箭头所指的位置。

arrowprops：指定箭头的风格或种类。

【例 13-2】绘制带网格和注释的双曲线图。

```
#exp13-2.py
import numpy as np
import matplotlib.pyplot as plt
plt.figure(figsize=(6,4))  #指定画布的大小
data = np.arange(0,1.1,0.1)
plt.title('line y=x^2')  #添加标题
plt.xlabel('x')  #添加 x 轴的名称
plt.ylabel('y')  #添加 y 轴的名称
plt.xlim((0,1))  #确定 x 轴的范围
plt.ylim((0,1))  #确定 y 轴的范围
plt.xticks([0,0.2,0.4,0.6,0.8,1])  #确定 x 轴的刻度
plt.yticks([0,0.2,0.4,0.6,0.8,1])  #确定 y 轴的刻度
```

```
plt.plot(data,data**2)                #添加 y=x^2 曲线
plt.plot(data,data**4)                #添加 y=x^4 曲线
plt.annotate(s=r'$\mu=100$',xy=(0.8,0.4),xytext=(0.9,0.2),arrowprops=
    dict(facecolor='black',shrink=0.1,width=1))
plt.grid(True)
plt.legend(['y=x^2', 'y=x^4'])        #添加图例
plt.savefig('y=x^2.png')              #保存图片到当前目录下
plt.show()                            #显示图形
```

运行结果如图 13-3 所示。

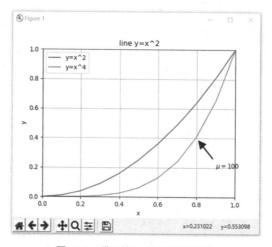

图 13-3 带网格和注释的双曲线图

使用 plot()函数绘制子图时，其本质上是多个基础图形绘制过程的重复，即分别在同一幅画布的不同子图上绘制图形。add_subplot()函数用于绘制子图，参数 212 的含义是将画布分成 2 行 1 列，图像画在从左到右从上到下的第 2 块，也可以用 "," 将 3 个参数分隔开，如 fig.add_subplot(2,1,2)。

【例 13-3】绘制两个子图的曲线图。

```
#exp13-3.py
import numpy as np
import matplotlib.pyplot as plt
fig = plt.figure(figsize=(8,6),dpi=80)
ax1 = fig.add_subplot(211)  #创建一个 2 行 1 列的子图，开始绘制第 1 幅
rad = np.arange(0,np.pi*2,0.01)
plt.title('sine')
plt.xlabel('rad')
plt.ylabel('value')
plt.xlim((0,np.pi*2))
plt.ylim((-1,1))
plt.xticks([0,np.pi/2,np.pi,np.pi*1.5,np.pi*2],
            [r'$0$',r'$\pi/2$',r'$\pi$',r'$3\pi/2$',r'$2\pi$'])
plt.yticks([-1,-0.5,0,0.5,1])
plt.plot(rad,np.sin(rad),'-.')
plt.legend(['sin'])
ax=plt.gca()
```

```
ax.spines['right'].set_color('none')
ax.spines['top'].set_color('none')
ax.xaxis.set_ticks_position('bottom')
ax.spines['bottom'].set_position(('data',0))
ax2 = fig.add_subplot(2,1,2)   #开始绘制第 2 幅
plt.title('lines')
plt.xlabel('x')
plt.ylabel('y')
plt.xlim((0,1))
plt.ylim((0,1))
plt.xticks([0,0.2,0.4,0.6,0.8,1])
plt.yticks([0,0.2,0.4,0.6,0.8,1])
plt.plot(rad,rad**2)
plt.legend(['y=x^2'])
plt.savefig('sincos.png')
plt.show()
```

运行结果如图 13-4 所示。

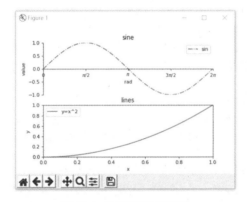

图 13-4　两幅子图的曲线图

将例 13-1 中的标题改为 plt.title('y=x^2 的曲线')，并在图中增加文本 plt.text(0.5,0.5,"单调递增")，可以发现图中的所有中文字符均无法显示，如图 13-5（a）所示。尽管 Matplotlib 库支持 Unicode 编码，但默认情况下 Matplotlib 库使用的自带字体中没有中文字体，其有如下两种解决方法。

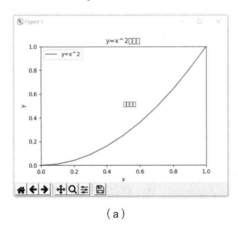

（a）

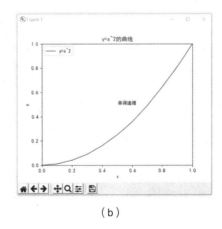

（b）

图 13-5　中文字符的显示

（1）使用系统字体修改 Matplotlib 库中 rcParams 参数字典的'font.family'键对应的值，代码如下。

```
plt.rcParams['font.family'] = 'Simhei'
```

其中 Simhei 表示黑体，常见的中文字体在 Matplotlib 库中的表示如表 13-3 所示。

表 13-3　常见的中文字体在 Matplotlib 库中的表示

名称	中文字体
Simhei	黑体
Kaiti	楷体
Microsoft YaHei	微软雅黑
FangSong	仿宋
YouYuan	幼圆
LiSu	隶书
STSong	宋体

在 pyplot 模块中使用 rc 配置文件定义图形的各种默认属性。在 pyplot 模块中，大多数的默认属性可以通过 rc 参数控制，如视图窗口大小、线条宽度和样式、坐标轴、坐标和网格属性、文本字体等。rc 参数在修改后，绘图时使用的默认参数就会发生改变。例如，下列代码将会修改所有绘制的线条为点画线。

```
plt.rcParams['lines.linestyle'] = '-.'
```

（2）若想有针对性地设置某一个元素的中文显示，为不同图形元素设置不同的中文字体，则需要将中文字体传递给 fontproperties。例如，为标题和文本分别设置字体代码如下，结果如图 13-5（b）所示。

```
plt.title('y=x^2 的曲线',fontproperties='Simhei')
plt.text(0.5,0.5,'单调递增',fontproperties='Kaiti')
```

13.1.3　其他图形的绘制

在 pyplot 模块中除提供绘制直线和曲线的 plot()函数外，还提供了绘制散点图、直方图、饼图等多种图形的函数。

1. 散点图

散点图是指以一个特征为横坐标，以另一个特征为纵坐标，利用坐标点（散点）的分布形态反映特征间统计关系的一种图形。散点图通过散点的疏密程度和变化趋势表示两个特征的数量关系，方便分析特征之间数值的关联趋势。

scatter()函数用于绘制散点图，其一般格式如下。

```
scatter(x, y, s=None, c=None, marker=None, cmap=None)
```

函数中的参数说明如下。

x, y：给出数据的位置。

s：给出标记的大小。

c：指定颜色字符串、颜色字符串的序列或 n 个数的序列。

marker：指定散点的图形样式。

cmap：指定散点的颜色映射，使用不同的颜色来区分散点的值。

【例13-4】绘制随机行走的散点图。

Random 类模拟二维平面上的随机行走，从原点(0,0)开始，使用 random 模块的 choice()函数决定行走一步后的位置。具体而言，choice([1,−1])决定 x 轴上行走的方向，choice([0,1,2,3,4])返回 x 轴方向行走的距离，得到 x 轴方向上行走一步的位移 x_step；同样，可以计算出 y 轴方向上行走一步的位移 y_step。当前坐标加上位移 x_step 和 y_step 即可得到下一步的坐标。然后将行走指定步数的所有 x 轴坐标和 y 轴坐标分别存放在列表 x_values 和 y_values 中。

```
#randomwalk.py
from random import choice
class RandomWalk:
    def __init__(self,num_points=5000):
        self.num_points = num_points
        self.x_values=[0]
        self.y_values=[0]
    def fill_walk(self):
        while len(self.x_values)<self.num_points:
            x_direction = choice([1,-1])
            x_distance = choice([0,1,2,3,4])
            x_step = x_direction*x_distance
            y_direction = choice([1,-1])
            y_distance = choice([0,1,2,3,4])
            y_step = y_direction*y_distance
            next_x = self.x_values[-1]+x_step
            next_y = self.y_values[-1]+y_step
            self.x_values.append(next_x)
            self.y_values.append(next_y)
```

randomwork_visual 模块模拟随机行走 50000 步后绘制的散点图如图 13-6 所示。注意，程序调用了 3 次 scatter()函数，第 1 次绘制整个随机行走的过程，后两次分别标注初始点和结束点。

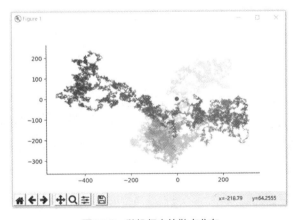

图 13-6 随机行走的散点分布

```
#randomwork_visual.py
import matplotlib.pyplot as plt
```

```
from random_walk import RandomWalk
while True:
    rw = RandomWalk(50000)
    rw.fill_walk()
    plt.figure(figsize=(10,6))
    point_numbers = list(range(rw.num_points))
    plt.scatter(rw.x_values, rw.y_values, c=point_numbers,cmap=plt.cm.Blues,
edgecolor='none', s=1)
    plt.scatter(0,0,c='green',edgecolors='none',s=50)
    plt.scatter(rw.x_values[-1],rw.y_values[-1],c='red',edgecolors='none',s=50)
    ax=plt.gca()
    ax.spines['right'].set_color('none')
    ax.spines['top'].set_color('none')

    plt.show()
    keep_running = input('Make another walk?(y/n):')
    if keep_running == 'n':
        break;
```

2. 直方图

直方图是统计报告图的一种，由一系列高度不等的直方体展示数据的分布情况，一般用横轴表示数据所属的类别，用纵轴表示数量或占比。直方图主要用于查看各分组数据的数量分布情况，便于各分组数据的数量比较，以判断数据的总体分布情况。

bar()函数用于绘制直方图，其一般格式如下。

```
matplotlib.pyplot.bar(left, height, width=0.8)
```

函数中的参数说明如下。

left：接收 array，表示 x 轴的数据。

height：接收 array，表示 x 轴所代表数据的数量。

width：接收 0~1 的 float，指定直方图的宽度。

【例 13-5】绘制掷骰子的直方图。

类 Die 表示骰子，num_sides 表示骰子的面数，使用 roll()方法模拟一次掷骰子操作。

```
#die.py
from random import randint
class Die():
    def __init__(self,num_sides=6):
        self.num_sides = num_sides
    def roll(self):
        return randint(1,self.num_sides)
```

die_visual 模块模拟掷 12000 次六面骰子，将得到的结果放在 results 列表中。使用 bar()函数绘制直方图，显示出现每个点的次数大致相等，如图 13-7（a）所示。

```
#die_visual
from die import Die
import matplotlib.pyplot as plt
```

```
die = Die()
results = [0 for i in range(6)]
for roll_num in range(12000):
    result = die.roll()
    results[result-1] += 1
plt.title('Result of rolling D6')
label = ['1','2','3','4','5','6']
plt.xlabel('Result')
plt.ylabel('Frequency of result')
plt.xticks(range(1,7),label)
plt.bar(range(1,die.num_sides+1), results, width = 0.5)
plt.savefig('die_visual.png')
plt.show()
```

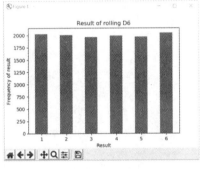

（a）掷一个六面骰子

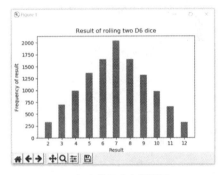

（b）掷两个六面骰子

图 13-7　掷骰子出现点数的直方图分布

dice_visual 模块模拟掷两个六面骰子，结果如图 13-7（b）所示，横坐标为两个骰子的点数之和，纵坐标为出现的次数，可以看出结果呈现正态分布。

```
#dice_visual.py
from die import Die
import matplotlib.pyplot as plt
die_1=die_2 = Die()
max_result = die_1.num_sides + die_2.num_sides
results = [0 for i in range(max_result-1)]
for roll_num in range(12000):
    result = die_1.roll()+die_2.roll()
    results[result-2] += 1
plt.title('Result of rolling two D6 dice')
label = [str(i) for i in range(2,max_result+1)]
plt.xlabel('Result')
plt.ylabel('Frequency of result')
plt.xticks(range(2,max_result+1),label)
plt.bar(range(2,max_result+1),results,width = 0.5)
plt.savefig('dice_visual.png')
plt.show()
```

3. 饼图

饼图是指将各项在总体中的占比显示在一张"饼"中，以"饼"的大小来确定每一项的占比。饼图可以比较清楚地反映出部分与部分、部分与整体之间的比例关系，直观地显示每组数据相对于总数的大小。

pie()函数用于绘制饼图，其一般格式如下。

```
pie(x, explode=None, labels=None, autopct=None, shadow=False)
```

函数中的参数说明如下。

x：输入一组数据用于创建一个饼图。

explode：None 或一个与 x 相同长度的数组，用来指定每部分的偏移量。

labels：None 或字符串序列，用于标记每个饼块。

autopct：None、字符串或函数，用于带有数值的饼图标注。

shadow：布尔值，在饼图下面画一个阴影。

给出食谱 recipe 如下，绘制构成馅饼各原料的饼图。

【例 13-6】绘制饼图。

```
#exp13-6.py
import matplotlib.pyplot as plt
recipe = ["375g flour",
          "75g sugar",
          "250g butter",
          "300g berries"]
plt.figure(figsize=(6,4))
data = [float(x.split('g ')[0]) for x in recipe]        #重量
ingredients = [x.split('g ')[-1] for x in recipe]       #原料
plt.title("A pie chart for pie")
plt.pie(data,labels=ingredients,explode=[0,0,0,0.05],autopct='%1.1f%%',shadow=True)
plt.show()
```

运行结果如图 13-8 所示。

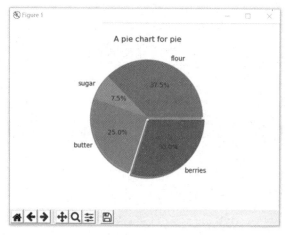

图 13-8　馅饼原料的占比分布

代码中将 berries 对应的饼块突出显示，autopct='%1.1f%%'选项指定原料百分比的显示格式。

13.2 PIL

PIL（Python Image Library，Python 图像库）是 Python 语言的第三方库，用于图像处理，需要通过 pip 工具进行安装。安装 PIL 的方法如下，需要注意，安装库的名称是 pillow。

```
>>>pip install pillow
```

PIL 支持图像存储、显示和处理，它能够处理大多数的图片格式，可以完成对图像的缩放、剪裁、叠加，以及向图像添加线条、图像和文字等操作。PIL 主要可以实现图像归档和图像处理两方面的功能需求。

（1）图像归档：对图像进行批处理、生成图像预览、图像格式转换等。

（2）图像处理：图像基本处理、像素处理、颜色处理等。

PIL 库共包括 21 个与图片相关的模块，本节介绍 PIL 最常用的几个模块：Image 模块、ImageFilter 模块、ImageEnhance 模块、ImageDraw 模块和 ImageFont 模块。除 Image 模块外每个模块对应一个同名类，相关功能通过调用类的方法实现。

1. Image 模块

Image 模块提供了一个同名的 Image 类，表示 PIL 图像。Image 模块是 PIL 中最重要的模块，提供了创建、打开、显示、保存图像、获取图像属性及合成、裁剪、滤波等功能。Image 类的常用方法如表 13-4 所示。

表 13-4　Image 类的常用方法

方法	说明
open(fp, mode='r')	打开 fp 指定的图像文件
save(filename, format)	将图像文件名保存为 filename，format 是图片格式
thumbnail(size)	创建缩略图
resize(size)	按 size 大小调整图像，生成副本
rotate(angle)	按 angle 角度旋转图像，生成副本
split()	提取 RGB 图像的每个颜色通道，返回图像副本
merge(mode,bands)	合并通道，其中 mode 表示色彩，bands 表示新的色彩通道

导入这个类的方法如下。

```
>>> from PIL import Image
>>> im = Image.open("olives.jpg")
>>> im.show()
```

open 程序只是读取了图像文件头部的元数据信息识别文件，这部分信息标识了图像的格式、颜色、大小等，但在处理文件时才读取实际的图像数据。因此，打开一个文件会十分迅速，与图像的存储和压缩方式无关。

Image.format 标识图像格式或来源，如果图像不是从文件读取的，则值为 None。

Image.mode 表示图像的色彩模式，"L" 为灰度图像，"RGB" 为真彩色图像，"CMYK" 为印刷模式图像。

Image.size 表示图像的宽度和高度，单位是像素（px），返回值是二元元组（tuple）。

2. ImageFilter 模块和 ImageEnhance 模块

PIL 的 ImageFilter 模块提供了多种预定义图像过滤的方法，与 Image 类的 filter()方法一起使用。这些方法有 BLUR、CONTOUR、DETAIL、EDGE_ENHANCE、EDGE_ENHANCE_MORE、EMBOSS、FIND_EDGES、SMOOTH、SMOOTH_MORE 和 SHARPEN。例如，实现图片 olives.jpg 模糊效果的代码如下。

```
>>> from PIL import ImageFilter
>>> im.filter(ImageFilter.BLUR)
```

ImageEnhance 类提供了更高级的图像增强功能，如调整色彩度、亮度、对比度、锐化等。更改图片锐度的方法如下。

```
>>> from PIL import ImageEnhance
>>> enhancer = ImageEnhance.Sharpness(im)

>>> for i in range(0,8,2):
        factor = i / 4.0
        enhancer.enhance(factor).show()
```

3. ImageDraw 模块

ImageDraw 模块为 image 对象提供了基本的图形处理功能。例如，它可以创建新图像，注释或润饰已存在的图像，为 Web 应用实时产生各种图形。在图形中绘制一条对角线的代码如下。

```
>>> image.save(r"E:\Python 教材\pillow\crossolives.jpg")
>>> from PIL import ImageDraw
>>> draw = ImageDraw.Draw(im)
>>> draw.line((0, 0) + im.size, fill=128)   #fill 为绘制直线的填充色
>>> im.save(r"E:\Python 教材\pillow\lineolives.jpg")
```

4. ImageFont 模块

ImageFont 模块定义了一个同名的 ImageFont 类，其实例中存储 bitmap 字体，需要与 ImageDraw 类的 text()方法一起使用。

下列代码综合展示了以上几个图像处理函数的使用。

【例 13-7】图像处理综合示例。

使用 PIL 处理图像的示例如图 13-9 所示。

```
>>> from PIL import Image, ImageFilter,ImageEnhance
>>> im = Image.open('olives.jpg')          #打开图像文件 olives.jpg
>>> print (im.format, im.size, im.mode)    #查看已经读取的图像文件的属性
JPEG (600, 416) RGB

>>> im.save('olives.png')
>>> im.show()   #图 13-9(a)
>>> x,y = im.size
>>> im.resize((x//2,y//2)).show()          #调整图像的大小，生成副本并显示
>>> im.thumbnail((300,208))                #生成缩略图，(300,208)指定尺寸
```

```
>>> print (im.size)
(300, 208)

>>> im.rotate(45).show()   #图 13-9(b)
>>> r, g, b = im.split()   #分离 RGB 图片的 3 个颜色通道实现颜色交换
>>> Image.merge('RGB',(b,g,r)).show()
>>> im.show()                     #图 13-9(c)
>>> im.filter(ImageFilter.CONTOUR).show()  #图片轮廓，图 13-9(d)
>>> im.filter(ImageFilter.EDGE_ENHANCE).show()
>>> im.filter(ImageFilter.BLUR).show()      #模糊效果，图 13-9(e)
>>> iec = ImageEnhance.Contrast(im)         #增强对比度
>>> iec.enhance(10).show()                   #图 13-9(f)
>>> iec = ImageEnhance.Sharpness(im)
>>> iec.enhance(10).show()
```

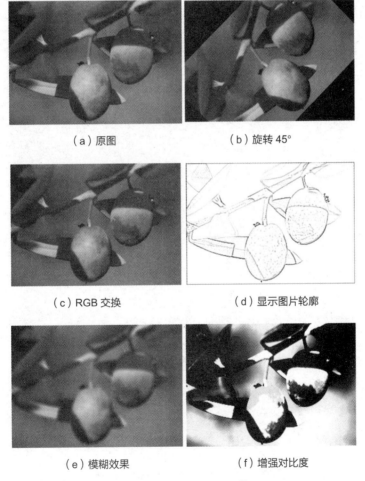

（a）原图 　　　　　　（b）旋转 45°

（c）RGB 交换 　　　　（d）显示图片轮廓

（e）模糊效果 　　　　（f）增强对比度

图 13-9　使用 PIL 处理图像

　　有了以上图像处理的基础之后，我们使用 PIL 可以写一个实用且有趣的程序——生成验证码图片。首先调用 Image.new 生成一张新空白图片，从文件 characters.txt()中随机读取 4 个汉字；使用

ImageDraw 类的 draw.text()方法将 4 个汉字绘制在图片上，字体通过 ImageFont 设定。然后分别将 4 个字剪切下来执行旋转操作后粘贴回去，随机选择其中两个汉字倒置，最后显示图片。

【例 13-8】使用 PIL 生成验证码图片。

```python
#exp13-8.py
from PIL import Image, ImageDraw, ImageFont, ImageFilter
from random import randint,choice
width = 180
height = 60
image = Image.new('RGB', (width, height), (255, 255, 255))
font = ImageFont.truetype(r'C:\Windows\Fonts\simsun.ttc', 38)
draw = ImageDraw.Draw(image)
#输出文字
chars = []
with open('characters.txt') as infile:
    contents = infile.read()
    for i in range(4):
        chars.append(choice(contents))
for i in range(4):
    draw.text((40*i+10,10), chars[i], font=font,
              fill=tuple([randint(0, 64) for i in range(3)]))

boxes = [(40*i+10, 0, 40*i+50, 60) for i in range(4)]
reverse_chars = [randint(0,3) for i in range(2)]

for i in range(4):
    region = image.crop(boxes[i])
    if i in reverse_chars:
        region = region.rotate(choice(range(170,190)))
    else:
        region = region.rotate(choice(range(-20,20)))
    image.paste(region, boxes[i])

#填充每个像素
for x in range(width):
    for y in range(height):
        data = image.getpixel((x,y))
        if (data[0]|data[1]|data[2])==0 or data[0]==data[1]==data[2]==255:
            draw.point((x, y), fill=
                       tuple([randint(128, 255) for i in range(3)]))
image.show()
image.save('code.jpg', 'jpeg')
```

运行结果如图 13-10 所示。

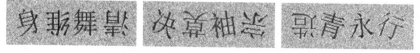

图 13-10　使用 PIL 生成验证码图片

本章小结

　　本章重点介绍了使用 Matplotlib 库绘制各种图形，以及 PIL 的基本图像处理功能（包括像素、色彩操作和图像处理），并通过应用实例进行了展示。

习题

　　1. 请访问国家统计局官网获取数据，使用 Matplotlib 绘图。

　　（1）获取一定范围内 12 个季度国内生产总值的数据，绘制直方图反映近三年国内生产总值的变化。

　　（2）获取上一年第一产业、第二产业和第三产业的增加值，绘制饼图，得出三大产业在国民经济中的比重。

　　2. 仿照 QQ、微信等软件的未读消息提示，自选一幅图片，调用 PIL 的相关函数，在图上加上数字。

附录 A 比较 Python 2 和 Python 3

一、核心类差异

1. Python 2 中使用 ASCII 码作为默认编码方式，导致 string 有两种类型 str 和 unicode，Python 3 只支持 unicode 类型的 string，这是对 Unicode 字符的原生支持。

2. Python 2 中相对路径的第三方库导入会导致标准库导入变得困难。Python 3 中采用的是绝对路径的方式进行第三库导入，如果还需要导入同一目录中的文件，则必须使用绝对路径，否则只能使用相关导入的方式进行导入。

3. Python 2 中存在老式类和新式类的区别，Python 3 统一采用新式类。新式类声明要求继承 object，必须用新式类应用多重继承。

4. 在 Python 2 的缩进机制中，1 个 Tab 和 8 个 Space 是等价的，所以在缩进中可以同时允许 Tab 和 Space 在代码中共存。这种等价机制会导致部分 IDE 的使用存在问题。Python 3 使用更加严格的缩进，1 个 Tab 只能找另外一个 Tab 替代，因此 Tab 和 Space 共存会导致报错，如下。

```
TabError: inconsistent use of tabs and spaces in indentation.
```

二、废弃类差异

1. print 语句被 Python 3 废弃，统一使用 print()函数。

2. exec 语句被 Python 3 废弃，统一使用 exec()函数。

3. execfile 语句被 Python 3 废弃，推荐使用 exec(open("./filename").read())。

4. 不相等操作符"<>"被 Python 3 废弃，统一使用"!="。

5. long 整数类型被 Python 3 废弃，统一使用 int。

6. xrange()函数被 Python 3 废弃，统一使用 range，Python 3 中对 range 的机制进行了修改并提高了大数据集生成的效率。

7. Python 3 中以下这些方法不再返回 list 对象：dictionary 关联的 keys()、values()、items()、zip()、map()和 filter()，但是可以通过 list 强制转换。

（1）mydict={"a":1,"b":2,"c":3}。

（2）mydict.keys() #<built-in method keys of dict object at 0x000000000040B4C8>。

（3）list(mydict.keys()) #['a', 'c', 'b']。

8. 迭代器 iterator 的 next()函数被 Python 3 废弃，统一使用 next(iterator)。

9. raw_input()函数被 Python 3 废弃，统一使用 input()函数。

10. 字典变量的 has_key()函数被 Python 3 废弃，统一使用 in 关键词。

11. file()函数被 Python 3 废弃，统一使用 open 来处理文件，可以通过 io.IOBase 检查文件类型。

12. apply()函数被 Python 3 废弃。

13. 异常 StandardError 被 Python 3 废弃，统一使用 Exception。

14. True 和 False 的改变：Python 2 把 True 和 False 视为全局变量，可以随意赋值；Python 3 把 True 和 False 变成了两个关键字，指向两个固定的对象，不能再被重新赋值。

15. nonlocal 关键字：Python 2 中要想在嵌套函数中将一个变量声明为非局部变量是不可能的；Python 3 中加入了 nonlocal 关键字，可以在嵌套函数中的变量前面添加关键字 nonlocal，这样就可以在嵌套函数之外使用嵌套函数中的变量了。

16. 全局函数 UNICODE()：Python 2 中有两个全局函数可以把对象强制转换成字符串，unicode() 把对象转换成 Unicode 字符串，str() 把对象转换成非 Unicode 字符串。Python 3 中只有一种字符串类型，即 Unicode 字符串，所以 str() 函数即可完成所有的功能。

三、修改类差异

1. 除法操作符 "/" 的区别

Python 2：除法（/）的取值结果取整数，如 7/3 的结果为 2。

Python 3：除法（/）的取值结果包含小数，如 7/3 的结果为 2.3333333333333335。

2. 异常抛出和捕捉机制的区别

Python 2：

```
raise IOError, "file error"    #抛出异常
except NameError err           #捕捉异常
```

Python 3：

```
raise IOError("file error")    #抛出异常
except NameError as err        #捕捉异常
```

3. for 循环中变量值的区别

Python 2：for 循环会修改外部相同名称变量的值。

Python 3：for 循环不会修改外部相同名称变量的值。

4. round() 函数返回值的区别

Python 2：round() 函数返回 float 类型值。

Python 3：round() 函数返回 int 类型值。

5. 比较操作符的区别

Python 2 中任意两个对象都可以比较。

Python 3 中只有同一数据类型的对象可以比较。

6. 重新命名或组织的模块

（1）Python 3 将 Python 2 中的 httplib、cookie、cookielib、BaseHTTPServer、SimpleHTTPServer、CGIHttpServer 等组合成一个单独的包，即 http。

（2）Python 2 中用来分析、编码和获取 URL（Unified Resource Location，统一资源定位符）的模块比较混乱；Python 3 中，这些模块被重构，组合成为一个单独的包，即 urllib。

（3）Python 3 中所有的 DBM 现在都在一个单独的包中，即 dbm 包中。

附录 B　常用字符与 ASCII 码对照表

ASCII（American Standard Code for Information Interchange，美国信息交换标准代码）是基于拉丁字母的一套计算机编码系统，主要用于显示现代英语和其他西欧语言，是通用的信息交换标准。

ASCII 值	控制字符	ASCII 值	控制字符	ASCII 值	控制字符	ASCII 值	控制字符
0	NUL	32	(space)	64	@	96	`
1	SOH	33	!	65	A	97	a
2	STX	34	"	66	B	98	b
3	ETX	35	#	67	C	99	c
4	EOT	36	$	68	D	100	d
5	ENQ	37	%	69	E	101	e
6	ACK	38	&	70	F	102	f
7	BEL	39	'	71	G	103	g
8	BS	40	(	72	H	104	h
9	HT	41	)	73	I	105	i
10	LF	42	*	74	J	106	j
11	VT	43	+	75	K	107	k
12	FF	44	,	76	L	108	l
13	CR	45	−	77	M	109	m
14	SO	46	.	78	N	110	n
15	SI	47	/	79	O	111	o
16	DLE	48	0	80	P	112	p
17	DCI	49	1	81	Q	113	q
18	DC2	50	2	82	R	114	r
19	DC3	51	3	83	S	115	s
20	DC4	52	4	84	T	116	t
21	NAK	53	5	85	U	117	u
22	SYN	54	6	86	V	118	v
23	TB	55	7	87	W	119	w
24	CAN	56	8	88	X	120	x
25	EM	57	9	89	Y	121	y
26	SUB	58	:	90	Z	122	z
27	ESC	59	;	91	[	123	{
28	FS	60	<	92	/	124		
29	GS	61	=	93	]	125	}
30	RS	62	>	94	^	126	`
31	US	63	?	95	_	127	DEL

参考文献

[1] 王小银，王曙燕，孙家泽. Python 程序设计语言[M]. 北京：清华大学出版社，2017.

[2] 钱雪忠，宋威，钱恒. Python 语言实用教程[M]. 北京：机械工业出版社，2018.

[3] 裘宗燕. 从问题到程序：用 Python 学编程和计算[M]. 北京：机械工业出版社，2017.

[4] 张莉. Python 程序设计教程[M]. 北京：高等教育出版社，2018.

[5] 张莉. Python 程序设计实践教程[M]. 北京：高等教育出版社，2018.

[6] 杨柏林，韩培友. Python 程序设计[M]. 北京：高等教育出版社，2019.

[7] 薛景，陈景强，朱旻如，等. Python 程序设计基础教程[M]. 北京：人民邮电出版社，2018.

[8] 董付国. Python 程序设计基础教程 [M]. 2 版. 北京：清华大学出版社，2018.

[9] 嵩天，礼欣，黄天羽. Python 语言程序设计基础 [M]. 2 版. 北京：高等教育出版社，2017.

[10] 教育部考试中心. 全国计算机等级考试二级教程：Python 语言程序设计[M]. 北京：高等教育出版社，2022.

[11] 黄天羽，李芬芬. 高教版 Python 语言程序设计冲刺试卷（含线上题库）[M]. 北京：高等教育出版社，2018.

[12] 戴歆，罗玉军. Python 开发基础[M]. 北京：人民邮电出版社，2018.

[13] 陈沛强. Python 程序设计教程[M]. 北京：人民邮电出版社，2019.

[14] 刘卫国. Python 语言程序设计[M]. 北京：电子工业出版社，2016.

[15] 储岳中，薛希玲，陶陶. Python 程序设计教程[M]. 北京：人民邮电出版社，2020.

[16] 何伟，张良均. Python 商务数据分析与实战[M]. 北京：人民邮电出版社，2022.

[17] 钟柏昌. Python 基础案例教程（微课版）[M]. 北京：人民邮电出版社，2023.